FLOW-3D 在水利工程中的应用

（上　册）

王立成　林锋　田新星　赵琳　朱涛　赵彦贤　著

U0171974

黄河水利出版社

·郑　州·

内容提要

FLOW-3D 是一款高精度计算流体动力学(CFD)软件,以三维瞬态的自由液面解算技术为其核心优势,用于解决世界上最棘手的计算流体动力学问题。FLOW-3D 为工程技术人员提供了一个完整的、通用的计算流体动力学仿真平台,用于研究各种工业应用和物理过程中液体及气体的动态特性,自 1985 年正式推出商业版之后,就以其功能强大、简单易用、工程应用性强的特点,逐渐在 CFD(计算流体动力学)中得到越来越广泛的应用。FLOW-3D 在水利工程数值模拟方面优点明显,近年来软件技术发展迅速,为更好地利用该软件解决水利工程问题,因而编写此书。本书共分上、中、下三册,详细地阐述了 FLOW-3D 软件的基本操作步骤、简单典型例题分析、实际工程应用(包括与物理模型对比分析)等内容,为利用软件解决实际工程问题及应用推广提供了宝贵的经验。

本书可以作为从事水利工程勘测、设计、施工、运行人员的工具书,也可供科研、教学等方面的科技人员及大专院校相关专业师生参考使用。

图书在版编目(CIP)数据

FLOW-3D 在水利工程中的应用:全三册/王立成等著.—郑州:黄河水利出版社,2020.9

ISBN 978-7-5509-2752-0

Ⅰ.①F…　Ⅱ.①王…　Ⅲ.①水利工程-计算-仿真-应用软件

Ⅳ.①TV222-39

中国版本图书馆 CIP 数据核字(2020)第 134733 号

出　版　社:黄河水利出版社　　　　　　　　　　网址:www.yrcp.com

地址:河南省郑州市顺河路黄委会综合楼 14 层　　邮政编码:450003

发行单位:黄河水利出版社

发行部电话:0371-66026940、66020550、66028024、66022620(传真)

E-mail:hhslcbs@126.com

承印单位:广东虎彩云印刷有限公司

开本:890 mm×1 240 mm　　1/16

印张:37

字数:880 千字

版次:2020 年 9 月第 1 版　　　　　　　　　　印次:2020 年 9 月第 1 次印刷

定价(全三册):158.00 元

前　言

　　20 世纪 60 年代以来，随着计算机的问世和现代科学技术的飞速发展，各种数值计算方法日新月异，水力学涌现出一批新兴的分支学科。计算水力学、试验水力学、水工水力学、环境水力学、资源水力学、生态水力学、非牛顿流体力学、多相流流体力学、可压缩流体力学等等。数值模拟技术已经成为水力学发展的一个重要分支，对水力学发展起到了积极的作用。

　　FLOW-3D 是一套全模块完整分析的软件，包括前处理器、全模块的计算解法器及后处理器。该软件包含所有模拟模块，不需要额外的加购其它模块就可以模拟上述水利工程应用、视窗化的使用接口、监视模拟情形的控制台以及产生二维和三维模拟动画并打印结果。

　　FLOW-3D 同时兼具准确性和高效性，能够导入各种 CAD(iges、parasolid、step….) 转化而成的 STL 格式，三维水工结构可透过 STL 格式档可分别汇入后装配成一体结构，可直接汇入地形高程图档产生水工结构周围的地形结构。软件采用有限差分/控制体积法网格划分产生结构化网格及部分面积和业界领先的 TruVOF 算法产生部分体积网格，细小的几何细节也可以通过较少的网格数量完成描述，并采用多网格区块及叠加区块技术，以使得网格加密，能够配合不同的区块精度设定，以适当的网格数量描述复杂的结构特征，更有效地生成不同大小的网格，且能根据特定的区域做局部网格加密设定，生成高质量的体网格，无需清理修补网格。软件的计算核心采用真实流体体积法技术进行流场的自由液面追踪，能够精确地模拟液气接触面每一尖端细部流体的流动细节现象。FLOW-3D 软件对实际工程问题的精确模拟与计算结果的准确性都受到用户的高度赞许。

　　在多年的发展中，FLOW-3D 显示出了自己的功能特点，成为一款工程师们必不可少的高效能计算仿真工具，工程师可以根据自定义多种物理模型，应用于各种不同的工程领域。FLOW-3D 具有完全整合的图像式使用界面，其功能包括导入几何模型、生成网格、定义边界条件、计算求解和计算结果后处理，也就是说一个软件就能使使用者快速地完成从仿真专案设定到结果输出的过程，而不需要其他前后处理软件。FLOW-3D 自带的划分网格工具，结合了简单矩形网格弹性化设计的优点，这种特色称为"free-gridding"，可自行定义固定格点的矩形网格区块生成网格，不仅易于生成网格，而且建立的网格与几何图档不存在关联性，可以自由变更，且网格不受几何结构变化的限制。这个特色大幅度取代了有限元素网格必须与几何图档建立关联，不易变更网格图档的缺点。利用这种自行定义固定格点的矩形网格区块(因为容易产生，并适用于各种仿真模拟)，流体可为连续或者不连续的状态。这样的特性可提升计算精确度、较少的内存量以及较为简单的数值近似。FLOW-3D 提供多网格区块建立技术，使得在对复杂模型生成网格时，在不影响其他计算区域网格数量的前提下，对计算区域的局部网格加密。该技术能够让有限差分法计算更有弹性，并且更具效率。在标准的有限差分法网格中，局部加密可能会造成网格大幅增加，因为局部加密网格会对整体网格的三维方向造成影响。而采用多网格区块，能够采用连接式(Linked)或者是巢式(Nested)网格区块进行网格建立,针对使用者希望察觉问题的部分做局部加密,而不影响整体网格。使用者可以用较少的硬件资源完成复杂的计算。FLOW-3D 独有的 FAVORTM 技术(Fractional Area/Volume Obstacle Representation),使其所采用的矩形网格也能描述复杂的几何外形,从而可以高效率并且精确地定义几何外形。FLOW-3D 与其它 CFD 软件最大的不同,在于其描述流体表面的方法。该技术以特殊的数值方法追踪流体表面的位置,并将适合的动量边界条件施加于表面上。在 FLOW-3D 中,自由液面是以由一群科学家(包括 FLOW Science 的创始人 Dr. C. W. Hirt)组织开发的 VOF 技术计算而得。许多 CFD 软件宣称其拥有与 VOF 类似的计算能力,但是事实上仅采用了 VOF 三种基本观念中的 1 种或 2 种,采用伪 VOF 计算可能得到不正确的结果。而 FLOW-3D 拥有 VOF 技术中的全部功能,并且已被证明能够针对自由液面进行完整的描述。另外,FLOW-3D 更基于原始的 VOF 理论,进一步改进开发了更精确的边界条件以及表面追踪技术,称为 TruVOF,该算法能够准确地追踪自由液面的变化情况,使其能够精确地模拟具有自由界面的流动问题,可精确计算动态自由液面的交界聚合与飞溅流动,尤其适合高速高频流动状态的计算模拟。

本书主要内容是如何使用 FLOW-3D 进行管理、分析、建模等操作,进一步促进 FLOW-3D 软件在水利行业的应用,为水利工程企业节省可观的成本和时间。上册系统地介绍了数值计算的基本控制方程、结构化网格法、TruVOF 流体体积法、FAVORTM 方法,认识并如何使用管理、建模、分析、显示等用户图形界面。了解到单位系统及其后处理,例如:如何打开结果/重新加载结果,以及如何生成点,一维、二维、三维的相应结果数据。了解到各种边界条件,如壁面是否考虑滑移(slip/no-slip walls free/partial-slip walls)、壁面粗糙度(wall roughness)、速度/体积流量边界、质量源(mass/mass sources)、压力/静水压边界(pressure/hydro-static pressure boundary conditions)、出流边界(outflow boundaries)及后处理分析;中册通过简单水利工程实例,让读者学会水利工程数值模拟计算的操作步骤;下册为实际工程案例应用,通过 FLOW-3D 的数值模拟结果和工程物理模型试验结果的对比,使读者能将 FLOW-3D 真正的用于工程,节约成本和时间!

全书由王立成统稿,吕中维、李永兵、林锋、郑慧洋、田新星、董承山对本书进行校核,其中上册由王立成、林锋、田新星、赵琳、朱涛、赵彦贤著写;中册由李永兵、吕中维、董承山、武帅、崔海涛、邓燕著写;下册由郑慧洋、李桂青、吕会娇、禹胜颖、苏通著写。

编 者

2020 年 8 月

目　录

1　软件概述

1.1　FLOW-3D 简介

FLOW-3D 是一款高精度计算流体动力学(CFD)的软件,以三维瞬态的自由液面解算技术为其核心优势,用于解决世界上最棘手的计算流体动力学问题。FLOW-3D 为工程技术人员提供了一个完整的、通用的计算流体动力学仿真平台,用于研究各种工业应用和物理过程中液体和气体的动态特性。自 1985 年正式推出商业版之后,就以其功能强大、简单易用、工程应用性强的特点,逐渐在 CFD(计算流体动力学)得到越来越广泛的应用。FLOW-3D 服务的行业广泛,包括水利与环境、海岸与海事、航空航天、金属铸造、增材制造、焊接、汽车、能源、微流体、生物技术、涂层和消费品等。

FLOW-3D 是一款高效能的 CAE(Computer Aided Engineering)模流分析仿真工具,工程师能够根据自行定义的多种物理模型,应用于各种不同的工程领域;同时,它也提供全功能的 CAE 模拟分析过程,不需要额外加购网格生成模块或者后处理模块,它完全整合的图像式使用界面让使用者可以快速地完成仿真专案设定到结果输出。FLOW-3D 同时兼具准确性和高效性,它采用业界领先的 TruVOF 算法,可以更快地获得高精度的仿真结果,该算法在 1980 年 FLOW Science 成立以来,作为流体自由液面跟踪方法的先驱,成为了衡量精准的行业标准;同时,FLOW-3D 采用创新的 FAVOR™ 网格划分技术,通过将几何直接嵌入固定网格内,无需其他 CFD 软件的网格重新划分过程,实现了快速的参数调整,工程师可以将更多的时间用在可视化、优化和协作上,使操作更精简,运算更高效,结果更准确。目前,FLOW-3D 软件对实际工程问题的精确模拟与计算结果的准确性都受到用户的高度赞许。

1.1.1　FLOW-3D 的发展过程

FLOW-3D 软件由美国 FLOW Science 公司研发出品。FLOW Science 公司于 1980 年由 Dr. C.W. Hirt 创立于美国新墨西哥州。Dr. C.W. Hirt 在 Los Alamos 国家实验室工作时,就是研究 VOF method 的先驱者之一,他于 1963 年就开发了 FLOW-3D 软件的基础,成立公司后结合 TruVOF 算法继续完善,其目标是提供一套计算精确的 CFD(计算流体力学)软件;1985 年,FLOW-3D 软件商业版正式发布,其特有的 VOF(Volume of Fluid)计算技术,能够提供极为真实且详尽的自由液面(Free surface)流场信息;2008 年 FLOW Science 美国总公司,为了响应中国对于 FLOW-3D 软件的需求,正式于中国上海陆家嘴成立中国分公司——三维流动贸易(上海)有限公司,对 FLOW-3D 的用户提供最直接的技术支持,并且对经销商提供行销以及销售协助;2018 年,FLOW-3D 的苏州办公室在东方之门旁的中海商务广场成立,除了继续为用户提供服务外,更设置了培训教室与建置工作站群,并于 2019 年在同栋大楼进行办公室的扩大,为全国的 FLOW-3D 用户提供永续的服务。目前,FLOW-3D 仿真软件已在我国的航天、水电及铸造(汽车、通信、五金、机床设备)等行业,拥有超过 160 家单位及企业客户,并且由于其精确而稳定的特性,多年来 FLOW-3D 发展形成了独有的流体分析优势,已受到如美国火箭实验室、海军、英国水利署、利物浦大学、通用汽车及 HP 等等许多重要研究单位与国际大厂的肯定。

1.1.2　FLOW-3D 软件的功能特点

在多年的发展中,FLOW-3D 显示出了自己的功能特点,成为一款工程师们必不可少的高效能计算仿真工具,工程师可以根据自定义多种物理模型,应用于各种不同的工程领域。

(1)FLOW-3D 是一套全功能的软件。FLOW-3D 具有完全整合的图像式使用界面,其功能包括导入几何模型、生成网格、定义边界条件、计算求解和计算结果后处理,也就是说一个软件就能使使用者快速地完成从仿真专案设定到结果输出的过程,而不需要其他前后处理软件。

(2)网格可自由分割,不需与几何图档建立关联。FLOW-3D 自带的划分网格工具,结合了简单矩形网格弹性化设计的优点,这种特色称为"free-gridding",可自行定义固定格点的矩形网格区块生成网格,不仅易于生成网格,而且建立的网格与几何图档不存在关联性,可以自由变更,且网格不受几何结构变化的限制。这个特色大幅度取代了有限元素网格必须与几何图档建立关联,不易变更网格图档的缺点。利用这种自行定义固定格点的矩形网格区块(因为容易产生,并适用于各种仿真模拟),流体可为连续或者不连续的状态。这样的特性可提升计算精确度,较少的内存量,以及较为简单的数值近似。

(3)多网格区块建立技术能够大幅度地提升计算效率。FLOW-3D 提供多网格区块建立技术,使得在对复杂模型生成网格时,在不影响其他计算区域网格数量的前提下,对计算区域的局部网格加密。该技术能够让有限差分法计算更有弹性,并且更具效率。在标准的有限差分法网格中,局部加密可能会造成网格大幅增加,因为局部加密网格会对整体网格的三维方向造成影响。而采用多网格区块,能够采用连接式(Linked)或者是巢式(Nested)网格区块进行网格建立,针对使用者希望察觉问题的部分做局部加密,而不影响整体网格。使用者可以用较少的硬件资源完成复杂的计算。

(4)可以描述非常复杂的几何外形。FLOW-3D 独有的 FAVORTM 技术(Fractional Area/Volume Obstacle Representation),使其所采用的矩形网格也能描述复杂的几何外形,从而可以高效率并且精确地定义几何外形。

(5)TruVOF 与自由液面模型描述。FLOW-3D 与其他 CFD 软件最大的不同,在于其描述流体表面的方法。该技术以特殊的数值方法追踪流体表面的位置,并将适合的动量边界条件施加于表面上。在 FLOW-3D 中,自由液面是以由一群科学家(包括 FLOW Science 的创始人 Dr. C. W. Hirt)组织开发的 VOF 技术计算而得。许多 CFD 软件宣称其拥有与 VOF 类似的计算能力,但是事实上仅采用了 VOF 三种基本观念中的 1 种或 2 种,采用伪 VOF 计算可能得到不正确的结果。而 FLOW-3D 拥有 VOF 技术中的全部功能,并且已被证明能够针对自由液面进行完整的描述。另外,FLOW-3D 更基于原始的 VOF 理论,进一步改进开发了更精确的边界条件以及表面追踪技术,称为 TruVOF,该算法能够准确地追踪自由液面的变化情况,使其能够精确地模拟具有自由界面的流动问题,可精确计算动态自由液面的交界聚合与飞溅流动,尤其适合高速高频流动状态的计算模拟。

(6)FLOW-3D 具有蒸发/冷凝相变模型。简单开启该模型,可以模拟计算中的液体的蒸发过程。

(7)FLOW-3D 具有"非惯性坐标系(Non-Inertial Frame)"和"通用运动物体(General Moving Object)"的计算模型。利用这些模型可以精确地模拟自由下落或旋转运动的物体周围的流体区域的液面变化情况,以及做自由下落或旋转运动的流动区域内部的液面变化情况。

1.2　FLOW-3D 软件的操作相关

1.2.1　FLOW-3D 的操作功能

FLOW-3D 软件是一套全功能软件,其功能按通常的软件功能操作模块划分可分为前处理功能、模拟计算功能和后处理功能三大部分。

1.2.1.1　前处理功能

FLOW-3D 软件内置前处理功能,完成计算模拟前的几何建立、网格划分和参数设置过程。

FLOW-3D 中的几何模型建立功能相对简单,可建立简单的球、圆柱体、圆锥、方体和环,但其提供了与其他建模软件的数据接口,能够利用 STL 文件实现与其他建模软件的无缝几何模型导入。FLOW-3D 拥有多网格区块建立技术和独有的 FAVORTM 技术,不仅能对计算区域的局部网格加密,并且可以利用矩形网格描述复杂的几何外形。同时,软件提供丰富的单元特性,使用户可以方便准确地构建出反映实际结构和流体、环境特性的整体仿真计算模型。

在前处理操作中,可以对内建的演算逻辑进行模型预览,在开始计算前对模型及设定加以检视,检查不一致性及物理模型结构上的错误。

1.2.1.2　模拟计算功能

FLOW-3D 对于流体的强大模拟计算功能可以广泛模拟分析多种热流现象,同时在模拟计算过程中可以随时监控模拟状态,软件通过图标显示收敛界限、时间间隔大小、迭代次数、动能值等与计算相关的数据。

1.2.1.3　后处理功能

FLOW-3D 的后处理功能用于输出模拟计算分析后的结果数据。FLOW-3D 的输出结果是多种可视化的,有图形、动画、图表等,可根据用户需要选择,同时,后处理结果也可根据用户需求选择压力、流速、流量等。

1.2.2　FLOW-3D 的分析文件

preerr. * 文件:记录执行 Preview 时的错误及警告讯息。

prpout. * 文件：记录 Preview 的执行结果。

prpplt. * 文件：记录 Preview 图形档。

report. * 文件：记录流体体积/网格数量/执行时间等分析信息。

hd3err. * 文件：记录执行 Simulate 时的错误及警告讯息。

hd3msg. * 文件：记录 Simulate 的讯息输出。

hd3out. * 文件：记录 Simulate 的执行结果。

flsinp. * 文件：记录结果输出的 Title 以及资料范围。

flsgrf. * 文件：记录 Simulate 分析结果。

prepin. * 文件：模拟输入文件，包含描述模拟设置的所有输入参数。

prpgrf. * 文件：预处理输出文件，包含计算的初始条件，用于在分析模拟前检查设置。

1.2.3 FLOW-3D 可利用的分析功能

FLOW-3D 强大的模型可以广泛模拟分析多种热流现象。

1.2.3.1 通用移动物件(GMO)

GMO 模型可以模拟固体的特定运动以及与流体的动态耦合运动，两者组合的功能可以用来描述固体随着流体产生的各种运动。

1.2.3.2 紊流和非牛顿黏性流

FLOW-3D 具有 5 种不同的紊流模型。同时，流体可以定义为应变相关或者应变/温度相关的非牛顿黏性流体。

1.2.3.3 多相流

液/氧界面的追踪计算是非常困难的，而 FLOW-3D 的自由液面追踪技术结合了模拟蒸发和凝结的能力，对于复杂的多相流问题而言是非常理想的分析工具。

1.2.3.4 热传递

FLOW-3D 能够执行固体与液体的热分析，包含热传导、自然对流和强制对流，热量可以用能量或温度的方式在边界条件上指定，或者根据热传系数计算而得。

1.2.3.5 微机电

对于混合介电材料：固体、流体和质量粒子的区域，可以利用 FLOW-3D 计算其静电场，热电效应及电渗。

1.2.3.6 黏弹性材料

FLOW-3D 可以模拟具有黏弹性质的材料(如降幅应力下的弹性固体及黏性流体)。

1.2.3.7 表面张力

可以应用于微小尺寸的表面张力及壁面附着力。

1.2.3.8 多孔性介质

由于 FAVORTM 技术的应用，FLOW-3D 可以模拟多孔性材料，软件中有许多阻力种类可供应用，不饱和流体流动也可以模拟。

1.2.3.9 密度计算

在 FLOW-3D 中，基于密度变化和液滴大小，不同密度的流体可以混合或分离。

1.2.3.10 水力冲击

FLOW-3D 的水力冲击模型能计算水利结构被冲蚀以及沉积漂流的现象。

1.2.3.11 气体动力学

利用 FLOW-3D 可以用绝热或包含热效应的方式来模拟气泡的运动行为,并且可以跟相变模型耦合模拟。

1.2.3.12 离散分子动力学

粒子模型可以广泛地应用在各个领域,可以定义为追踪流动路径的记号粒子,也可以定义为随着流体的拖曳改变密度或直径的粒子。这些粒子耦合在一起如同具有动量效应的流体。最后,这些粒子可以是固定或移动轨迹的点,以追踪流体的流量。

1.2.4 FLOW-3D 操作注意事项

(1)分析前,将分析图档(∗.stl)以及分析档(Prepin.∗)放置在同一路径下。

(2)路径名称必须为英文或是数字。

(3)分析档案可能相当大(数 GB~数十 GB),请先确认硬盘空间足够。

(4)分析网格数量与内存大小有关,请先确认内存足够(建议最小内存 2 GB)。

1.3 水利工程常用的物理模型

1.3.1 Air Entrainment Model

卷气主要的生成原因是由于流体在流动过程中并入一些微小的空气,如设计溢洪道时,考虑一定的卷气量可以降低空蚀对溢洪道的破坏。

1.3.2 Variable Density Model

变密度模式一般在以下几种状况需要启动:①油在水中的渗漏;②温度差造成的湖水密度分层;③卷气造成的密度变化。

1.3.3 Cavitation Model

空蚀模型可以模拟空蚀现象,该现象主要是因为流体流动造成流场中局部的压力低于流体的蒸汽压,此时可能会有气泡产生、破裂。空蚀会导致水工结构的损坏,一般常见于泄水建筑物、阀门、管道中。

1.3.4 Sediment Scour Model

用于模拟沉积物的侵蚀、移动和沉淀。

1.3.5 闸门控制、受力计算

FLOW-3D 中可以实现对闸门开度控制的模拟,通过定义几何体的时变运动来实现。

FLOW-3D 的计算结果也可以反映结构物受力状况。在组件选项中勾选压力输出选项,即可计算流体对对象的施力大小,但这里只考虑压力,忽略黏滞力的影响。

2 FLOW-3D 分析步骤

FLOW-3D 进行水力学数值模拟计算,其标准分析流程为:输入图档—建立网格—输入成型条件—建立边界条件—给定初始条件—预处理—模拟计算—输出结果。下面给出分析步骤的一些具体解释。

2.1 输入图档与建立网格

输入图档做为模拟分析的第一步,是对研究对象的数字化反映,在这一步之前还需要做一些前期准备工作,如设置工作目录路径、建立工作文件夹(Workspace)、建立新的模拟文档(Simulation)。在新建完的模拟文档中就可以将研究对象的图档信息(主要为几何图形)导入进来了。研究对象的输入为完整的几何模型,即输入结构边界几何图形的同时,也要定义好流体研究范围、流体数量等。结构几何可通过界面实体建模工具生成,也可以直接导入图档文件或直接编辑 prepin 文档。同时对图档(几何物价)定义材料属性。

几何图形设置完成便可进行建立网格步骤,即对几何模型在研究范围内进行网格划分。在进行任何模拟时,定义计算网格都是最重要的工作之一。网格单元的数量,取决于定义边界的尺寸,而网格单元的数量将极大地影响计算结果、运行时间、计算精度,因此,问题的范围和网格的大小必须仔细选择,计算范围定得太小,可能使计算结果不稳定;定得太大,又会无意义地增加计算规模(计算时间)。由于计算时间随网格数量的增加而增加,计算者应该严格减少范围内无用的部分,FLOW-3D 多网格块功能可以实现消除范围内无用的部分,通过 2 个、3 个或者更多的块实现计算优化。

以上几何模型与网格划分的相关设置,均可通过界面中的"Meshing & Geometry"选项卡操作实现。

2.2 输入成型条件

成型条件即指用于模型计算的全局设置、参数边界等,输入成型条件也可理解为模型设置。

在"General"选项卡中,要指定分析时间、界面类型、流体类型、单相流/两项流、计算终止条件等。在 FLOW-3D 中,终止条件以 Finish Time 为最高判断原则。

在"Physics"选项卡中,要根据分析问题选用适宜的物理模型(可同时选用多个),并指定各模型中计算需要的正确物理量。

在"Fluids"选项卡中设置 Properties,指定流体的特性参数。

2.3　数值选项

FLOW-3D 模拟规定了最合理的默认值,所有数值选项都默认设置,因此大多数模拟均可直接使用默认设置,大多数求解器使用默认显式的方法。

用户可以根据需要进行选择操作的数值选项包括:时间步长、压力解算器、显示或隐式求解、流体界面平流、动量平流、速度场选项,操作均可在界面"Numerics"选项卡中实现。

2.4　边界条件与初始条件

在"Meshing & Geometry"选项卡下的"Boundary"标签中为各网格块(mesh block)的各个面指定边界条件,并对各类型边界设置好对应参数。边界类型有如图 2-1 所示的几种。

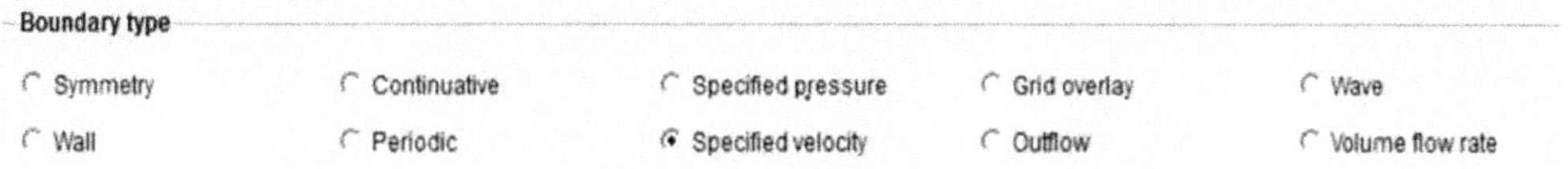

Boundary type				
○ Symmetry	○ Continuative	○ Specified pressure	○ Grid overlay	○ Wave
○ Wall	○ Periodic	● Specified velocity	○ Outflow	○ Volume flow rate

图 2-1　边界类型

在"Meshing & Geometry"选项卡下的"Initial"标签中定义计算的初始条件。初始条件设置,主要是设置计算的初始静液面,设置完成后可以利用"OK"按钮进行查看,点击按钮在弹出的"FAVOR"对话框内选择展示形式后,点击"Render"按钮即可看到初始的液面。

2.5　预处理、模拟计算与结果

2.5.1　预处理

FLOW-3D 的预处理计算是一个预览计算模型的过程,可以通过点击"Preview"按钮实现。运行这一步后,软件将以一种执行预处理程序的所有正常功能的模式运行预处理程序,但不会生成求解程序所需的大型数据传输文件。预处理器对于项目文件的运算,是查找计算模型中的不一致和错误,相当于实际模拟运算前的自我检验。预处理发现的错误和警告信息会在预处理器对话框中显示,提示设计者对模型进行复核修改。

2.5.2　模拟计算

模拟计算的过程其实是由软件完成的,操作者只需驱动求解器,即选择点击软件界面中的"Run Solver"命令。计算机完成模拟计算经历 3 个阶段:第一阶段即再一次进行预处理,并且创建额外的数据传输文件;第二阶段是计算流体流动和(或)传热等的控制方程的解;第三阶段是运行后处理器来生成默认和任何预定义的图。通常,输出频率是完成时间的函数,如果模型的模拟是根据填充率来终止的,输出频率也受填充率的控制。

2.5.3 查看结果

点击界面"Analyze"选项卡可进行结果查看,点击时会弹出文件选项对话框,结果文件前缀为"flsgrf"。导入结果文件后,可按需要在界面选择结果显示方式,如数据格式、显示的变量、时间段、实体是否显示等,最后点击"render"即可显示出结果图形,如图 2-2 所示。

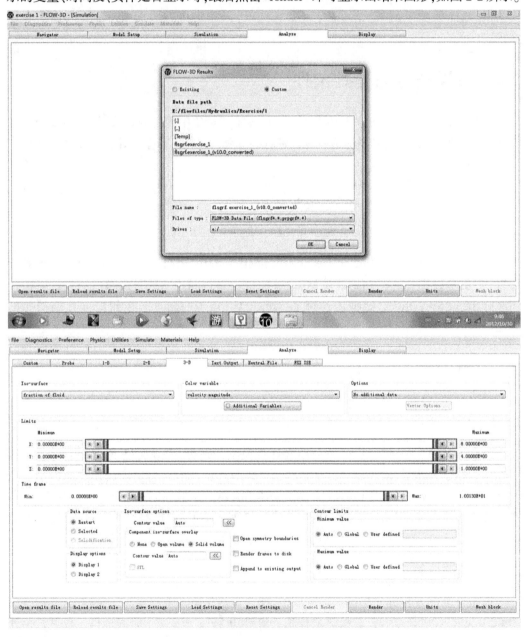

图 2-2　查看结果图示

3 FLOW-3D 实体建模过程

实体是模拟计算的几何模型依托,在建模过程中作为组件存在,即软件界面中的"Component",组件其实就是实体的体积或部件,它具有统一的材料属性,可以由多个子组件(Subcomponent)组成,子组件可以理解为一个实体模型的不同部位块。子组件的几何属性可通过操作界面的树结构选项卡进行控制,如图 3-1 所示。

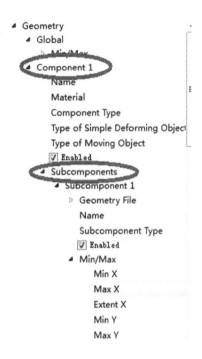

图 3-1 组件及子组件树结构选项卡

3.1 实体建模方法

子组件可以由简单的几何、STL 文件、CAD 数据、Topographic 数据、点子数据和 ANSYS 数据创建,具体可以通过界面简单几何体创建按钮和导入 STL 文件以及 Topographic 文件实现。

3.1.1 简单几何体创建

简单的几何体可直接由软件自带的建模选项实现,在操作界面点击相应形状的实体按钮即可(● ◆ ▼ ◆ ○ STL),主要有球体、圆柱体、圆锥体、长方体和圆环体,如图 3-2 所示。

实体创建后,可通过空间几何限制器(即选项卡中的"Limiters")对实体的几何特性进行更改和控制,因此,初建几何体时,尺寸等可为初定。

3.1.2 几何文件导入

(1)STL 文件:利用按钮 STL 可直接导入 STL 数据文件,实体的主要几何信息包含在文件内,对该实体的几何特性控制需更新 STL 文件后重新加载实现。

(2)Topographic 数据:右击 Component,选择 Add Subcomponent,再选择 advanced,会弹出选择对话框,即可选择含有 Topographic 数据的文件,一般为 *.inp 文件,FLOW-3D 会将 Topographic 的数据自动转换为 STL 数据。需要注意的是 Topographic 数据文件必须是 ASCII 格式。

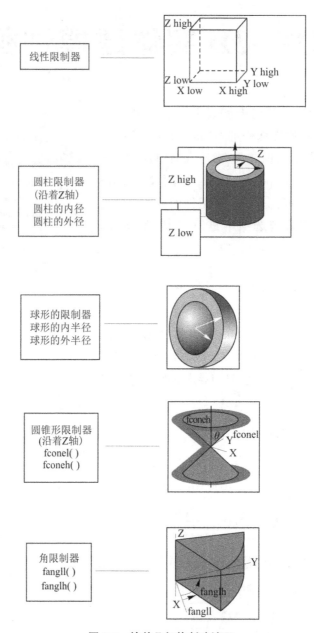

图 3-2　简单几何体创建演示

3.2　实体属性选择

在 Geometry 的树结构选项卡中,可以定义实体的各类特性,如实体类型、透明度、颜色,还有热源、初始条件、电导性等,如图 3-3 所示。

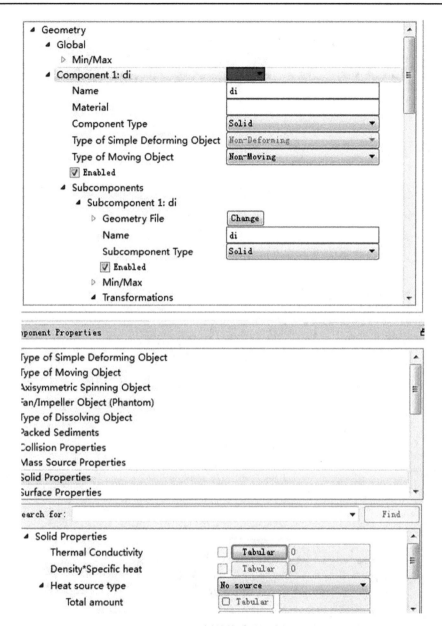

图 3-3 树结构选项示例

4 FLOW-3D 网格划分及模型建立

4.1 概 述

在模型建立、基本参数设置、物理参数设置、流体参数设置等步骤完成后,就可以进行网格划分(Meshing & Geometry)、输出参数设置(Output)、数值运算设置(Numberics)。

本章主要讲述网格划分的步骤、注意事项、常用技巧以及输出参数设置方法、数值运算参数设置方法,并在最后给出一个网格划分的实例供参考。

4.2 网格划分

网格和模型设置在网格划分与几何面板(Meshing & Geometry)。它由 12 个子功能组成,这些功能分别以一个按钮的型式列在面板左侧,如图 4-1 所示。当点击每个按钮时,相应的工具面板会显示出来,这些工具面板可以在页面中自由摆放。表 4-1 给出各功能按钮代表的功能含义。

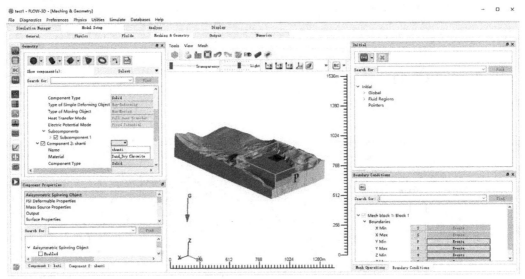

图 4-1 网格划分与几何面板功能按钮位置

表 4-1 各功能按钮代表的含义

编号	图标	含义
1		打开"几何"窗口

续表 4-1

编号	图标	含义
2		打开"网格"窗口
3	BC	打开"边界条件"窗口
4	t=o	打开"初始条件"窗口
5		打开"粒子"窗口
6		打开"打开质量–动量源"窗口
7		打开"隔板"窗口
8		打开"波"窗口
9		打开"弹簧、绳索、锚泊线"窗口
10		打开"历史记录"窗口
11		打开"流动表面"窗口
12		打开"采样体"窗口

4.2.1 几何

4.2.1.1 FAVOR 技术

几何面板是软件用来定义流体模拟区域的。计算机采用 FAVOR 技术将几何体嵌入到计算网格中。FAVOR 是 Fractional Area/Volume Obstacle Representation 的缩写。

采用 FAVOR 技术以后，曲面造型的几何体也能顺利地以矩形网格加以描述,使分析模型不会失真。

4.2.1.2 创建并编辑几何体

创建与编辑几何体相关操作参见本书第 3 章所述。

4.2.1.3 导入 STL 格式模型

由于 FLOW-3D 自带的几何体创建功能较弱,FLOW-3D 支持通过导入 stl 格式的外部文件来创建模型。具体操作参见本书第 7 章。

4.2.2 网格

4.2.2.1 网格划分的方法与理论

点击 按钮打开网格划分工具。网格划分工具界面如图 4-2 所示。

1.坐标系的选择

FLOW-3D 笛卡儿坐标系和柱坐标系。可根据需要进行选择。

2.网格划分术语介绍

网格划分术语见表 4-2。

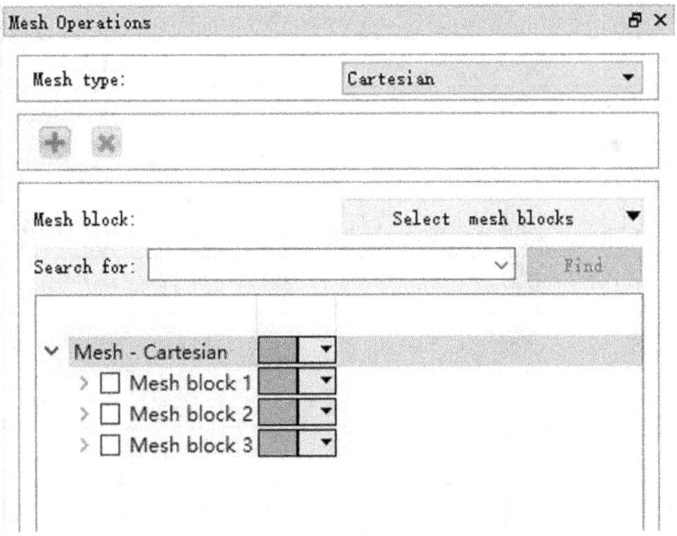

图 4-2　网格划分工具主界面

表 4-2　　　　　　　　　　　　　　　　网格划分术语

术语	术语汉语	含义
Cell	单元	一个单独的控制体,FLOW-3D 中的单元是用网格线隔离出来的矩形区域
Cell count	单元数量	两个网格平面之间的单元数量
Cell face	单元面	单元的一个面,通常与网格线互换使用
Cell size	单元大小	两条相邻的网格线之间的距离
Domain	区域	求解控制方程的体积;是指所有网格块所包含的体积,并由网格线划分为各个单元
Grid lines	网格线	定义每个单元边界的线;是由网格生成器生成的
Mesh	网格	由网格线定义的若干控制体
Mesh block	网格块	通过网格线划分为单个单元的体积;网格块最初是矩形棱柱,但根据网格类型可以符合其他形状
Mesh cells	网格单元	标识网格块中的初始单元大小是由单元大小还是由总单元数确定的
Meshing component	网格划分组件	可用于定义网格块形状的组件;网格块最初将是矩形的,并将在预处理器阶段符合组件的形状
Mesh generator	网格生成器	自动在网格平面之间放置网格线;构造与指定的网格平面位置,指定的像元数量和像元大小一致的最佳网格
Mesh planes	网格划分平面	在给定的方向上,用于起始和结束平面用于确定网格划分区域;中间的网格划分平面也用来强制使网格与几何特征对齐,防止产生不正常的结果

续表 4-2

术语	术语汉语	含义
Mesh type	单元类型	决定了单元是矩形单元还是复合单元
Overlap length	重叠长度	物体在复合单元中的重叠长度
Size of cells	单元大小	单元面在坐标系某个方向上的长度
Total cells	总单元	总单元数量

4.2.2.2 网格划分的一般步骤

在实际工程中,创建或导入几何体以后,一般按照以下步骤进行网格划分。

(1)点击 ✚ 按钮,创建一个 Mesh block。

(2)在 Mesh block 上右键,选择"Fit to geometry",将网格块适配一下几何体,方便快速调整。

(3)展开 Mesh block 的属性,设置"Size of cells",即该 Mesh block 中网格单元的大小。

(4)如果场景中仅需要一种网格单元大小,则只需要创建一个 Mesh block。如果同一个场景中,需要划分不同尺寸大小的网格单元,则需要创建多个 Mesh block,为每个 Mesh block 设置不同的"Size of cells"。按照(1)和(2)的步骤,创建多个 Mesh block,并保证这些 Mesh block 将所要计算的区域完全覆盖。

(5)针对每个 Mesh block,如果想在几何形体边界处、几何突变处保证网格对齐,需要给 Mesh block 添加 Mesh plane。Mesh plane 可以是 X、Y 和 Z 三个方向的。添加方法是:展开 Mesh block 的属性,找到要添加 Mesh plane 的方向,如 X direction,右键,选择"Add",在弹出的窗口中输入该 Mesh plane 在 X 方向的坐标值(该值的确定也可以通过在模型窗口中按住 Shift 键同时单击鼠标左键试探捕捉所需点),点击确定,即可创建一个垂直于 X 方向的切割面,在该切割面处有网格线,能保证网格和几何对齐。如图 4-3~图 4-5 所示。

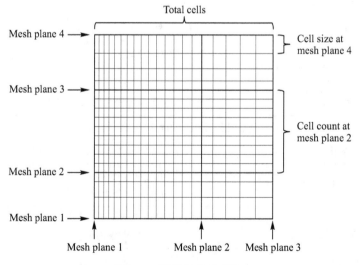

图 4-3 网格划分示意图

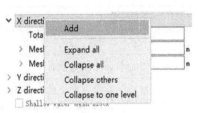

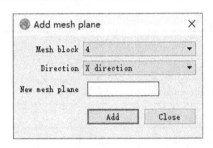

图 4-4　如何添加新的 Mesh plane　　　图 4-5　如何设置 Mesh plane 的位置

4.2.2.3　网格划分注意事项

(1)网格不能划分过细,仅在需要细化的地方细化网格。

(2)网格划分完成以后,检查邻近单元的单元大小比以及单元在任意两个方向的尺寸比。可以通过选中一个单元块以后单击右键,选择单元信息。为了得到精确的结果,单元大小比应尽量接近统一,并且不超过 1.25。任意两个方向的尺寸比也应该尽量统一,并且不超过 3.0。

(3)在压强和重力场变化剧烈处,任意两个方向的尺寸比应该接近 1.0。

4.3　网格边界条件

4.3.1　网格边界条件简介

FLOW-3D 能根据组件类型和激活的物理模型自动设置合适的边界条件。然而,在 Mesh block 边界必须手动设置边界条件。

4.3.2　边界条件类型

FLOW-3D 提供了 10 种类型的边界条件。各类边界条件的含义见表 4-3。

表 4-3　　　　　　　　　　　各类边界条件的含义

序号	类型	含义
1	连续性	在边界处设置零梯度条件
2	网格叠加	将重新启动源模拟中的解决方案作为重新启动模拟中的边界条件应用
3	流出	使用 Sommerfeld 辐射条件动态估算边界条件
4	周期性	该边界必须成对使用,并且通过一个流体边界流出的流体会通过该对中的另一个边界重新引入
5	指定压力	指定边界处的压力;如果还指定了流体高度,则边界处的压力将遵循静水压力分布
6	指定速度	指定边界处的速度
7	对称边界	在边界处应用零梯度条件,垂直于边界的速度为零

续表 4-3

序号	类型	含义
8	体积流量	在边界处应用指定的流量
9	壁边界	流体无法穿过壁边界,可以计算壁边界上的剪应力(需给定黏滞系数),垂直于边界的速度为零
10	波浪	选择波浪类型,并设置与波浪类型关联的速度场

4.3.3 边界条件设置的一般步骤

边界条件的设置需要在网格划分完成后进行。在网格与几何界面,单击左侧的 BC 按钮,右侧的工具栏变为 Boundary conditions 界面,然后分别对每个 Mesh block 的 X、Y、Z 三个方向的边界条件值进行设置,如图 4-6 所示。

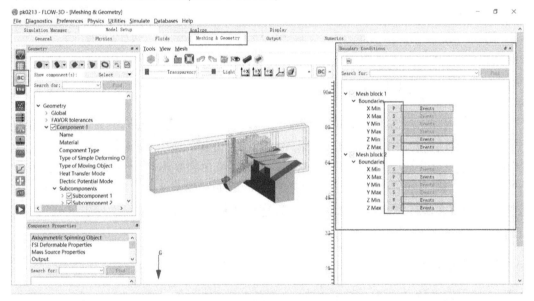

图 4-6 边界条件设置示意

4.4 初始化设置

4.4.1 初始化设置概述

初始化设置用于设定模拟的初始状态(如图 4-7 所示)。为了得到准确的分析结果,必须在开始设定好初始参数,初始参数默认是指时间为零时的参数。初始化参数与边界条件相比不是那么重要,因为随着计算的进行,它的作用越来越不明显。由于这种影响,通常以合理的精度定义流体的初始几何形状,假定压力场和速度场是均匀的。这通常会在较短的时间内产生良好的结果。

4.4.2 全局参数

全局参数用来设置整个计算区域的初始条件,一共有 4 个子类别可以进行设置。

4.4.2.1 速度

用于设置流体线速度。

4.4.2.2 状态

流体和空隙(或流体 1 和流体 2)的状态分别由唯一的压力和温度对定义。虽然,如果未启用能量传输方程式(传热模型)的计算,则只能降低压力。根据活动的物理模型和方便的条件,可以将压力指定为表压或绝对压力。

4.4.2.3 流体位置设置

流体液面在 Fluid initialization 选项中设置。可以用流体高度、流体体积、波边界等参数进行设置。

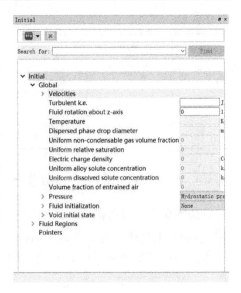

图 4-7 初始化设置示意

4.4.2.4 物理参数

在某些物理模型中使用了一些数量,这些数量也可能在域内部初始化。根据活动的物理模型,启用或禁用这些数量的输入。这些参数有:湍动能(对于湍流模型)、相对饱和度和不可凝气体分数(对于具有不可凝气体的两个流体相变模型)、电荷密度(对于机电模型)、合金溶质浓度(用于凝固模型的二元合金偏析部分)、燃烧气体质量分数(用于可燃物体模型)和溶解的溶质浓度(用于溶解物体模型)。用户可以根据场景进行选择和设置。

4.4.3 流体区域参数

流体区域参数可以通过范围、系数、stl 文件等方式来定义。

4.4.4 Pointer 参数

Pointer 参数用于定义所有连续单元的流体 1、流体 2 或空隙区域的范围和属性。

4.5 输出设置

4.5.1 输出设置概述

FLOW-3D 中有多种数据类型。在 Output 面板可以控制什么数据会写入结果文件以及写入的频率。数据类型的种类见表 4-4。

表 4-4 数据类型的描述

类型	描述
Restart	所有流量变量
Selected	仅会输出用户选择的变量;默认的输出频率是模拟时长的 1/100
History	描述一个变量随时间的变化;例如一般包含时间步长、平均动能、流速等,默认的输出频率是模拟时长的 1/100
Short print	写入 hd3msg.＊文件的文本诊断数据,默认的输出频率是模拟时长的 1/100
Long print	写入 hd3out.＊文件的文本诊断数据,默认的输出频率是模拟时长的 1/10
Solidification 凝固	只有当凝固模型启用时才可用
FSI TSE	可变形固体的附加的输出选项

4.5.2 空间数据

在 FLOW-3D 计算过程中,求解数据周期性的写入(flsgrf.文件名)文件中。后处理的时候,可以在这个文件中提取数据用于显示或通过重启动操作进行下一步计算。空间数据分为重启动数据和选定数据。

(1)重启动数据。重启动数据包含在计算过程中要用到的所有变量数据。

(2)选定数据。选定数据与重启动数据相同之处在于都是等势面、变量、等势线等数据,不同之处在于只有选定的数据会被写入结果文件,防止结果文件过大。

4.5.3 历史数据

历史数据也是被写入(flsgrf.文件名)文件中的数据。用于制作变量随时间变化的曲线图。绘制的变量包括积分和诊断量,例如流体体积和迭代次数。

4.5.4 凝固数据

当在物理面板设置了凝固参数以后,软件求解器将会自动计算凝固相关的数据,例如固相线速度、热梯度、冷却速度等。默认情况下,计算该数据时的温度是流体的固相线温度。但是,在应用不同温度确定固化数据的情况下,可以更改默认值。

4.5.5 诊断数据

在求解过程中,求解数据会显示在 hd3msg 文件和 hd3out 文件中。

4.6 数值运算设置

4.6.1 数值运算设置概述

对于大部分模拟,默认的参数都可以顺利地完成模拟。除非有特别充分的修改理由,否则不要修改默认值。

数值运算设置位置：主界面-Model Setup-Numeric。

4.6.2　时间步长控制

默认情况下，FLOW-3D 软件计算时，在保证计算稳定的范围内会逐步增大步长。用户可以更改以下 3 个参数，以更好地控制软件的计算。

(1)初始步长，是指第一次计算循环的步长，用于保证第一次计算的收敛。

(2)最小步长，是指计算终止的最小步长，当小于此值时，计算自动终止。由于相对于模拟完成时间而言非常小的时间步长通常会导致模拟时间的急剧增加，因此该值代表了模拟实用性的度量。当只有该值设置的特别小才能计算完成时，说明模型设置有一些问题。

(3)最大步长，该值定义了一个计算过程中的最大时间间隔，与稳定准则共同约束计算过程。用于保证计算的精确性。

4.6.3　压力求解器设置

压力求解器用于保证连续性条件，有以下两种类型的求解器可以选择。

4.6.3.1　Explicit(显式求解)

显式求解方法根据前一步的时间值估算新的时间值。它计算准确、迅速，但是时间步长的设置必须能保证计算的稳定性。这种求解方法适用于整个计算范围内完全充满了水或是浅水模型(指水平范围比垂直范围大得多的水流)。

4.6.3.2　Implicit(隐式求解)

隐式求解器迭代使用新时间的相邻值来计算新时间值。迭代过程的计算量很大，并且需要指定一个收敛准则来表示该阈值。但是，隐式方法是无条件稳定的，因此与显式方法相比，可以使用更大的时间步长。此外，此方法可用于所有类型的模拟。

4.7　FLOW-3D 软件网格划分优势

经过使用和与其他软件对比分析，笔者认为，FLOW-3D 在网格划分方面具有以下优势。

(1)生成的网格是与几何分离的自由网格。

(2)网格可以分块。设计人员可以根据需要对局部区域进行加密。

(3)FLOW-3D 使用的网格为简单的矩形网格。该网格具有弹性变形、贴体网格特性。网格或几何体可以随意更改而不互相影响。

(4)FLOW-3D 划分的网格，不同区域的网格，可以是重叠的、连接的或嵌套的。

正是由于以上优点，设计人员可以快速生成网格，而不需要考虑几何形状。可以按照用户要求，如改善精度、更小的计算内存等要求随意改变网格尺寸、放置位置及数量等。

4.8   应用实例

4.8.1   琴键堰简介

为更好地理解网格划分功能,下面给出一个实例,讲述网格划分的步骤。该实例为一个琴键堰泄流模拟案例。

迷宫堰的由来:洪水通过堰的流量与堰的长度有很大的关系。一般来说,堰的长度越长,流量越大。可是堰的长度是受限制的,比如河道宽度或大坝上可布置长度的限制。为了在有限的条件下加大流量,人们想出增加堰长度的办法:改变堰的直线布置,把堰在平面上做成折线,这种在平面上折线布置的堰叫做迷宫堰。

琴键堰是迷宫堰的一种,琴键堰相对更经济、更美观。从平面外观上看,琴键堰就像钢琴的黑白琴键,因此而得名。它无需闸门控制,泄流能力较强,既可以提高兴利库容,又能满足泄洪要求,造价较低,如图4-8、图4-9所示。

图 4-8   琴键堰

图 4-9   琴键堰泄水

4.8.2   琴键堰网格划分及模型建立步骤

FLOW-3D 中一个完整的仿真计算模型需要常规设置、物理参数设置、流体参数设置、网格与几何参数设置、输出设置、数值计算设置,其中网格与几何参数设置又分为几何模型建立、网格划分、边界条件、初始条件、隔断条件等设置。本例按照上述顺序依次进行模型建立说明。

4.8.2.1   常规设置

常规设置界面如图4-10所示。其中 Finish time = 30 s 表示本次模拟时间长度为30 s,Simulation units = SI 表示采用国际单位制来设置和显示各类结果,其余参数保持默认。

4.8.2.2   物理参数设置

物理参数设置界面如图4-11所示。本例中分别需要设置重力参数和湍流参数。如图4-12所示。

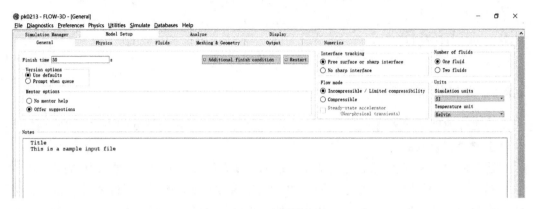

图 4-10　常规设置

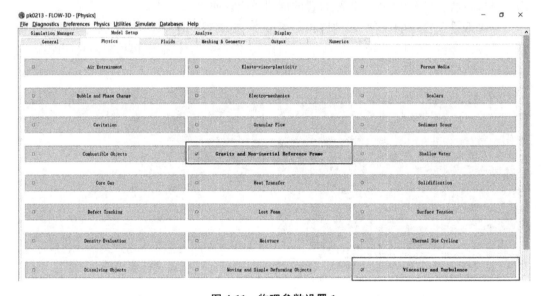

图 4-11　物理参数设置 1

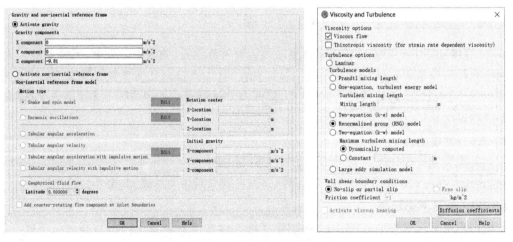

图 4-12　物理参数设置 2

4.8.2.3 流体参数设置

流体参数设置界面如图 4-13 所示。本例中所采用的流体是水,在 Fluid 1 上右键–选择 Load material properties,选择水即可。

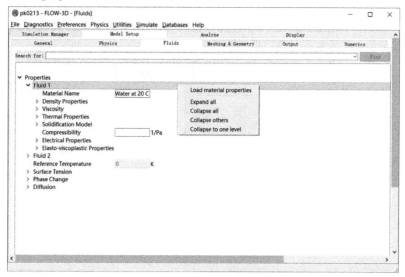

图 4-13 流体参数设置

4.8.2.4 几何模型

图 4-14 ~ 图 4-16 是琴键堰的模型轴测图、顶视图和侧视图。

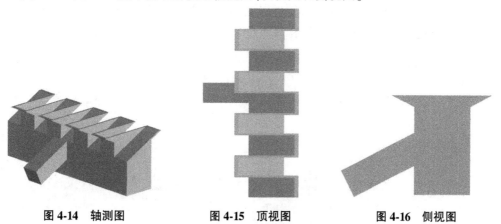

图 4-14 轴测图   图 4-15 顶视图   图 4-16 侧视图

4.8.2.5 网格划分

(1)第一步,创建 Mesh block 1。单击 ▦ 打开网格划分工具,单击 ✛ 按钮,创建一个 Mesh block 1。选中该 Mesh block 1,右键选择"Fit to geometry"并设置"Size of cells"为 0.5 m。

设置完成后,在场景上方菜单选择 Mesh-Flow Mesh-View Mode-Grid Line,可查看网格详情。如图 4-17 所示。

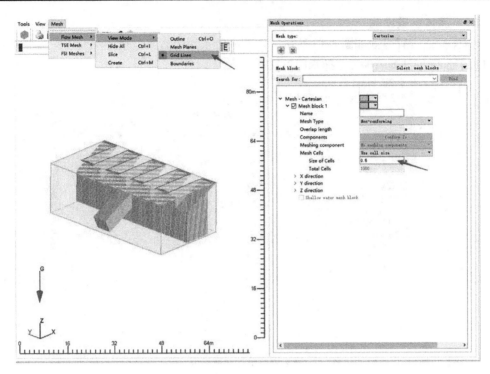

图 4-17　常规设置

（2）调整 Mesh block 1 的范围。由于琴键堰具有对称性，为了加快计算速度，本次模拟截取其中 Y 方向的一段进行模拟。打开 Mesh block 1 的属性，将 X、Y、Z 三个方向的 Mesh plane 属性设置为如图 4-18 所示。

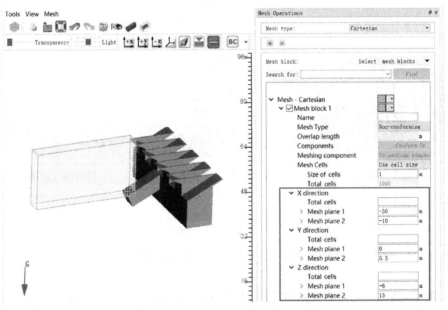

图 4-18　调整 Mesh block 1 的范围

（3）复制生成 Mesh block 2。为了兼顾计算速度和计算精度,在本例划分网格时,靠近琴键堰附近的网格采用较细的网格,原来琴键堰的网格采用较粗的网格。选中 Mesh block 1 后,右键选择复制,在 X 值处输入40,保证复制出来的 Mesh block 2 和 Mesh block 1 相连（见图 4-19）。

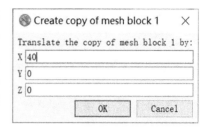

图 4-19　复制生成 Mesh block

（4）为了保证计算结果的准确性,在几何边界处,需要设置 Mesh plane,用于将 Mesh block 分割为不同区域。设置 Mesh plane 的原则如图 4-20、图 4-21 所示,图 4-20 中虚线处为 Mesh plane 位置,即在几何形状突变处设置（提示:设置完 Mesh plane 后,为看清其位置,可通过视图上方菜单 Mesh-Flow Mesh-View Mode-Mesh planes 查看 Mesh plane 的效果）。

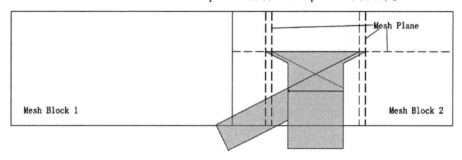

图 4-20　设置 Mesh plane 原理

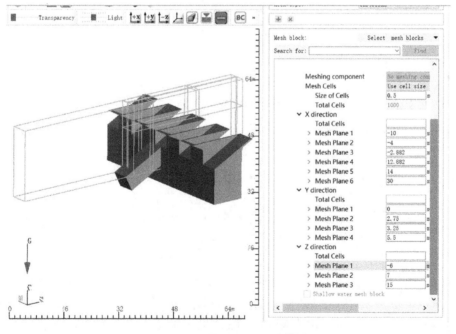

图 4-21　设置 Mesh plane 模型

（5）利用 FAVOR 功能检查模型。操作方法为：点击视口上方快捷工具栏中的 🐦 （FAVOR）按钮，弹出 FAVOR 界面，点击 Render，视口中，用于计算模型会渲染为灰色，根据灰色区域来判断网格划分是否合理，如图 4-22 所示。

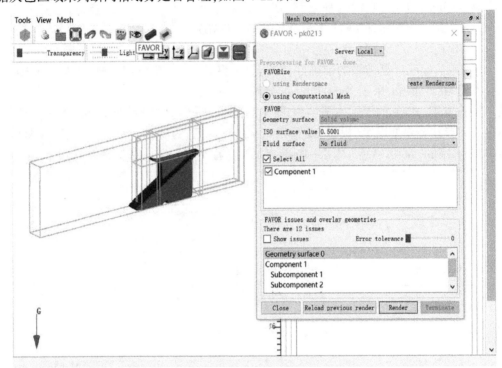

图 4-22　检查模型

4.8.2.6　边界条件

单击界面左侧的 BC 按钮，进入边界条件设置界面。然后单击绘图区域上方快捷工具栏中的显示边界按钮。如图 4-23 所示。

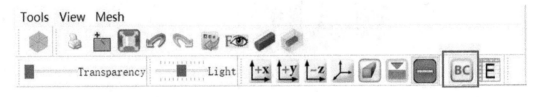

图 4-23　边界条件

此时系统会在 Mesh block 1 和 Mesh block 2 的 X、Y、Z 三个方向的共计 12 个面上分别添加对称边界，模型中显示为"S"图标，然后根据工程实际情况，对需要修改的边界条件进行修改，修改方法为单击右侧 Boundary Conditions 窗口下方的各个边界按钮，如图 4-24所示，详见表 4-5。

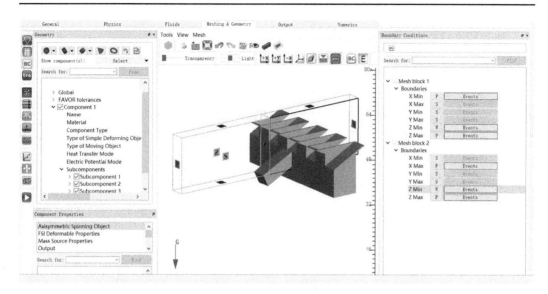

图 4-24　边界条件

表 4-5　　　　　　　　　　　　　　　　　　边界条件

块	边界位置	边界类型	边界值	说明
Mesh block 1	X Min	压力边界	Boundary type＝specified pressure Pressure＝101 325 Pa Use fluid elevation＝12 m	水域最上游,为压力边界,水位从系统 0 坐标算起,水面高 12 m
	X Max	对称边界	默认值	—
	Y Min	对称边界	默认值	—
	Y Max	对称边界	默认值	—
	Z Min	墙边界	Boundary type＝wall	最低处为不透水边界
	Z Max	压力边界	Boundary type＝specified pressure Pressure＝101 325 Pa Use fluid fraction＝0	最高处为压力边界,自由液面
Mesh block 2	X Min	对称边界	默认值	—
	X Max	压力边界	Boundary type＝specified pressure Pressure＝101 325 Pa Use fluid elevation＝14 m	水域最上游,为压力边界,水位从系统 0 坐标算起,水面高 14 m
	Y Min	对称边界	默认值	—
	Y Max	对称边界	默认值	—
	Z Min	墙边界	Boundary type＝wall	最低处为不透水边界
	Z Max	压力边界	Boundary type＝specified pressure Pressure＝101 325 Pa Use fluid fraction＝0	最高处为压力边界,自由液面

压力边界设置界面如图 4-25 所示。

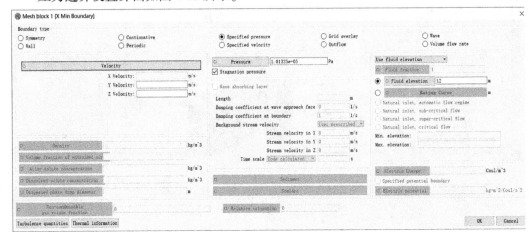

图 4-25　压力边界设置

墙边界设置界面如图 4-26 所示。

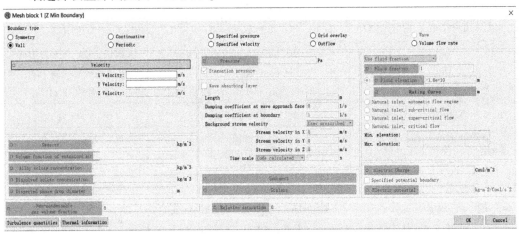

图 4-26　墙边界设置

4.8.2.7　初始化设置

单击界面左侧的 [t=0] 按钮,进入初始化设置界面。

(1)设置压力类型和压力值。在右侧树形列表中选中 Initial-Global-Pressure,将其值更改为 Hydrostatic Pressure(默认值 uniform pressure 表示固定值的压力,Hydrostatic Pressure 表示随重力变化的压力),然后选中 Initial-Global-Void initial state-pressure,将其值设置为 101 325 Pa。

(2)设置水域。在右侧树形列表中选中 Initial-Fluid regions 上右键,选择 add a fluid region,会自动生成一个与所有 Mesh block 区域一样大的水域,展开其属性,修改参数如图 4-27所示。

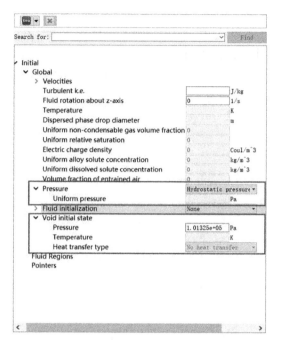
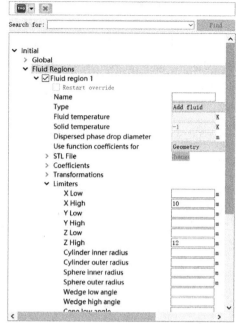

图 4-27 设置水域

4.8.2.8 设置流量监测面

在本工程中,为了监测流量,需要设置一个流量监测断面,在 FLOW-3D 中,称之为 Baffle。单击界面左侧的 ⚙ 按钮,进入隔断设置界面。

在右侧树形列表中选中 Baffles-右键-add,将自动添加一个 New Baffle,设置其参数如下。其中 porosity 表示孔隙率,此处设置为 1 表示完全透水,Baffle plane location 用 X 轴方向的面来定义,X 坐标值设置为-8。

设置完成后,模型自动添加一个断面标识,如图 4-28 所示。

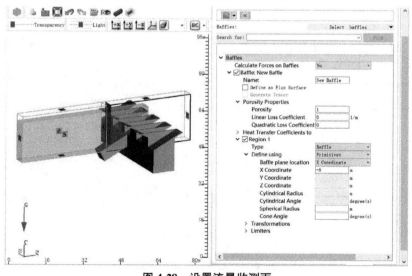

图 4-28 设置流量监测面

4.8.2.9　输出设置

输出设置用于选择计算过程要关注的参数。本例中关注的参数有水头（Total Hydraulic head 3D）、各类水力数据（Hydraulic data）、流速（Fluid velocities）、压力（Pressure）等。Selected data interval 用于设置上述参数的输出时间间隔，默认帧数是 100 帧，故默认输出间隔是 30/100＝0.3 s。时间间隔越小，结果文件越大。本例中时间间隔保持默认，如图 4-29 所示。

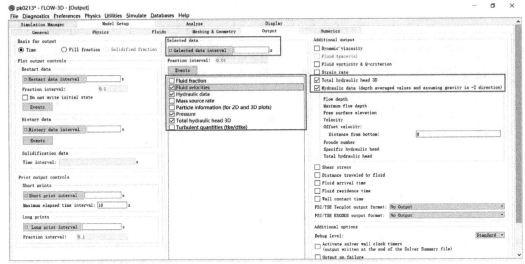

图 4-29　输出设置

4.8.2.10　数值分析参数设置

数值分析参数用于设置初始时间步长、最小时间步长、最大时间步长等。本例中初始时间步长＝0.001 s，最小时间步长＝1e−10 s。当计算过程中，时间步长小于 1e−10 s 时，计算终止，如图 4-30 所示。

图 4-30　数值分析参数设置

5　加载与求解

5.1　概　述

根据分析阶段的不同,计算仿真结果有 3 种选择:预检查(Simulation Pre-check)、预处理(Preprocessing)、求解(Running the Solver)。这 3 种功能,都可以通过 2 种方式进行操作。一是在模拟管理器面板(Simulation Manager)的模型树结构中选中当前分析后点击鼠标右键,如图 5-1 所示;二是在菜单栏——Simulation 子菜单中进行选择,如图 5-2 所示。

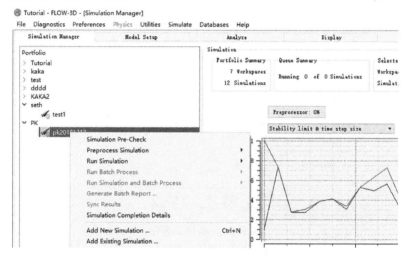

图 5-1　模拟管理器面板(Simulation Manager)的模型树结构选择分析方式

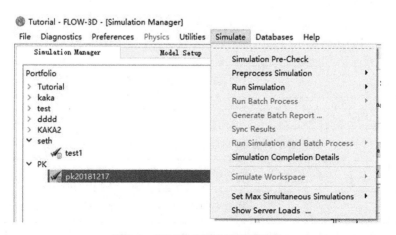

图 5-2　通过菜单栏选择分析方式

预检查(Simulation Pre-check):用来快速检查输入文件,例如缺少输入、输入超出规定范围、异常的材料参数以及网格剖分质量等问题,并通过警告或者错误的方式提醒用户。

预处理(Preprocessing):预处理用来显示初始条件的详细信息。

求解(Running the Solver):根据用户定义的属性、几何体、初始条件以及边界条件等进行求解计算。

在 FLOW-3D 软件中,任务(Jobs)是指进行预处理或者运行求解的请求。任务会提交给预处理、模拟分析、后处理这 3 种分析序列之一,如果采用了远程渲染,还会有网络计算机的任务列表显示出来。每个分析序列中的任务按顺序依次进行求解,每个分析序列中的任务数量列在序列后面的中括号内,用户可以通过选中序列–右键的方式进行设置最大模拟数量,数量也受可用节点的限制。每个序列中的任务是相互独立的,所以可以同时运行多个任务。如图 5-3 所示。

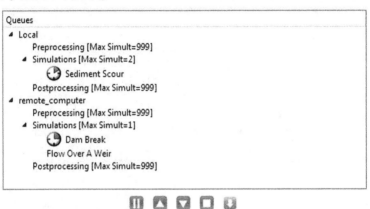

图 5-3　任务序列列表

任务序列列表最下方的多个按钮允许用户暂停、恢复、终止以及改变优先顺序。各按钮及代表含义见表 5-1。

表 5-1　　　　　　　　　　　　　各按钮代表含义

图标	含义
▮▮	暂停选中的任务
▶	恢复选中的任务
▪	终止选中的任务(运行中的),或者移除选中的任务(暂停中的)
▲	将选中的任务向上移动一个位置
▼	将选中的任务向下移动一个位置
⬇	从网络服务器上下载数据,只有当模拟分析已经结束或终止时,这个按钮才可以使用

5.2　预检查（Simulation Pre-check）

5.2.1　预检查概述

预检查是用来快速检查输入文件的提示、警告、严重错误、缺少边界、超出边界、不常用的材质属性以及网格剖分质量等。当"模型设置"完成后,在提交任务之前,进行预检查。

提示、警告、严重错误显示在 General Model Settings 面板,缺少边界、超出边界、不常用的材质属性显示在 Active Material Properties 面板,网格质量检查结果显示在 Mesh Quality 面板,如图 5-4 所示。

图 5-4　Mesh Quality 面板

步骤如下:

方法 1,Simulate 菜单—Simulate Pre-check。

方法 2,在任务管理器中,右键—Simulate Pre-check。

预检查的结果通过不同颜色的旗帜显示,红色旗帜表示严重错误,黄色旗帜表示警告,绿色旗帜表示没有问题。

在用户使用软件过程中,不能完全依赖于预检查功能,而应该将更多的精力放在模型设置上,预检查只是一个简单的工具,用来在分析开始前识别潜在的问题。

5.2.2　预检查常见错误

5.2.2.1　提示、警告、严重错误

预检查运行预处理程序测试来识别可能有问题的任何设置。在"常规模型设置"选项卡上显示检查结果。

1.提示

提示是为潜在问题提供指导的消息。这些警告包括关于单位的警告、线性热膨胀系数会使流体密度降低的温度等。

2.警告

警告是比提示更严重的警告消息。表示可能有设置错误和准确性问题。例如,超出公差的输入和网格质量问题等。

3.严重错误

致命错误是将导致预处理器中止的主要问题。其中包括指定负温度,缺少关键参数(例如流体密度)等。致命错误将导致显示红色标志图标。

5.2.2.2　缺少边界、超出边界

该功能将测试未定义的变量、超出范围的小数输入、正确的变量关系以及负温度。对

有问题的变量进行着色显示,以快速识别可能的问题。将鼠标悬停在彩色的变量名称或字段上将显示一个工具提示,该提示提供了有关标记变量或字段的原因的更多信息。

5.2.2.3 材质属性

将材料属性与从材料数据库中选择的参考材料进行比较。软件将快速比较材料属性,以识别与已知材料有很大不同的任何材料,从而识别输入错误或单元不匹配。与参考资料的相同值相比,相差超过指定百分比的常量变量名称以蓝色突出显示;工具提示将这些报告为"超出公差"。默认容差为 5%,但是可以通过修改 Simulation Pre-check 对话框右上角的 Tolerance +/-框中的值来更改。公差和所选参考材料适用于所有模拟,并且在单击"保存"或"保存并关闭"按钮时将被保存。

5.2.2.4 网格质量

模拟预检查还执行一些测试以确定网格质量。网格质量测试的结果报告在"模拟预检查"对话框的"网格质量"选项卡上。"网格质量"–"网格块属性"选项卡显示单个网格块中的问题,而"网格质量"–"块间数据"选项卡显示与当前网格块和相邻网格块之间的界面相关的问题,如图 5-5 所示。

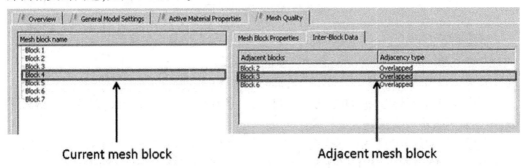

图 5-5

通过将某些网格参数与下面定义的一般准则进行比较来评估网格的质量。这些准则并不是成功进行仿真的必须要求,只是推荐值,用这些推荐值通常在各种模拟中都能得到良好的结果,如图 5-6 所示。

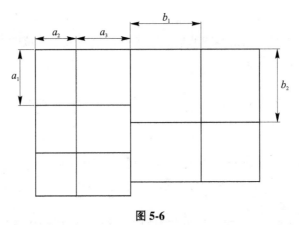

图 5-6

准则有：

(1)最大单元长宽比应该小于3,图5-6中a_1/a_2。当超过这个值时,Mesh block 的名字就会红色高亮显示。超出限制的最大长宽比在"网格质量"-"网格块属性"选项卡上以红色高亮显示。

(2)最大相邻单元尺寸比应该小于1.25,图5-6中a_2/a_3。当超过这个值时,Mesh block 的名字就会红色高亮显示。超出限制的最大相邻单元尺寸比在"网格质量"-"网格块属性"选项卡上以红色高亮显示。可以通过点击 ⓘ 按钮查看有问题的单元。

(3)最大块间像元大小比应该小于2,图5-6中b_1/a_3和b_2/a_1。当超过这个值时,Mesh block 的名字都会红色高亮显示。超出限制的最大块间像元大小比在"网格质量"-"块间数"选项卡上高亮显示。

5.3 预处理(Preprocessing)

预处理器给用户详细的展示初始条件,并将这些信息转化成求解器可以用的输入文件。它与 FAVORizeoption (🖼)非常相似,但是它提供了更多的信息,如下所述。

(1)标量参数:温度、压强、密度、浓度等。

(2)矢量参数:速度、压力等。

(3)网格信息:FAVORized geometry,网格求解、符合网格块等。

(4)组件属性:接触角、刚度、速度等。

另外,预处理会产生很多检测文本文件,这些文件包含警告、错误以及其他参数。

步骤如下:

方法1,Simulate 菜单—Preprocess Simulation。

方法2,在任务管理器中,右键—Preprocess Simulation。

需要注意的是:求解器每次运行前,都会运行预处理程序。所以,预处理程序不是必须的步骤。

5.4 运行求解器(Running the Solver)

步骤如下:

方法1,Simulate 菜单—Run Simulation。

方法2,在任务管理器中,右键—Run Simulation▶Local。

可以运行一个 workspace 中的所有任务,这些任务会依次运行。

5.5 命令行操作方式(Command Line Operations)

5.5.1 脚本文件

FLOW-3D 提供了运行脚本(批处理文件)来运行预处理器、求解器和后处理器,还有一个特殊的脚本文件可连续运行预处理器、求解器和后处理器;另外,还有一个脚本文件按顺序运行一系列模拟。

FLOW-3D 提供的脚本文件及含义见表 5-2。

表 5-2　　　　　　　　　　　　　　　脚本文件及含义

序号	脚本文件	脚本含义
1	runpre <ext1><ext2>	运行名称为 prepin.<ext1>的预处理,同时输出结果文件添加后缀<ext2>;如果<ext2>没有定义,则用<ext1>作为输出文件的后缀;如果<ext1>和<ext2>都没有定义,则运行 prepin.inp 作为输入文件,输出结果文件添加<dat>后缀
2	runhyd <ext2>	运行求解器,<ext2>作为输入文件扩展名和输出文件的扩展名;如果<ext2>没有定义,那么输入文件应该是<dat>为扩展名,输出文件也是<dat>为扩展名
3	runpost <ext2>	运行后处理器,<ext2>作为输入文件扩展名和输出文件的扩展名;如果<ext2>没有定义,那么输入文件应该是<dat>为扩展名,输出文件也是<dat>为扩展名
4	runall <ext1><ext2>	运行名称为 prepin.<ext1>的预处理、求解器和后处理器,同时输出结果文件添加后缀<ext2>;如果<ext2>没有定义,则用<ext1>作为输出文件的后缀;如果<ext1>和<ext2>都没有定义,则运行 prepin.inp 作为输入文件,输出结果文件添加<dat>后缀
5	runbatch <batch file>	运行<batch file>中定义的一系列仿真文件

5.5.2　如何使用脚本文件

运行脚本文件采用以下步骤:

(1)打开命令提示符或终端。

(2)设置必要的变量。可以通过拷贝批处理文件中的环境变量来实现。在 FLOW-3D 软件图标上右键–编辑,可获取批处理文件的内容。

(3)更改求解器的运行目录。

(4)输入需要的命令行,例如 runhyd <ext2>。

5.5.3　使用监控程序 PEEK

PEEK 是一个菜单驱动程序,它使用户可以在运行时对 FLOW-3D 解算器进行基本控制。当求解器以交互方式或以批处理方式运行时,都可以使用 PEEK。要运行 PEEK,只需在运行问题的目录中的命令提示符或终端中输入 PEEK。

PEEK 最常用的状况是:通过显示求解器消息文件 hd3msg. * 的内容来检查求解器运行的状态。如果求解分析的进度比预期的慢,并且状态消息的打印速度不足以了解过程的运行方式,则用户可能要强制使用状态消息或告诉求解器将空间或历史数据转储写入

flsgrf 文件。当分析似乎有问题并且用户希望查看当前计算阶段的情况时特别有用。

5.6 加载与求解实例

5.6.1 预检查

在完成模型与几何设置以后(详见本书第 4 章),可进行加载与求解。

选中 Model Setup 面板,并依次点击 General(常规设置)、Physics(物理参数)、Fluids(流体参数)、Meshing&Geometry(模型与几何)、Output(输出)、Numerics(数值分析设置)等子面板,人工检查模型的各类设置是否正确或有遗漏,如图 5-7 所示。

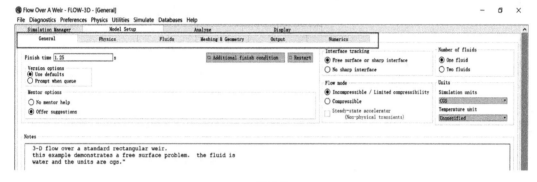

图 5-7

检查完成后,切换到 Simulation Manager 面板,选中项目名称后,点击鼠标右键—Simulation Pre-check,运行完成后,弹出预检查结果对话框。黄色旗表示通用模型设置和材料属性有警告,绿色旗表示网格质量检查没有任何问题。关闭检查结果窗口,进行下一步操作,如图 5-8 所示。

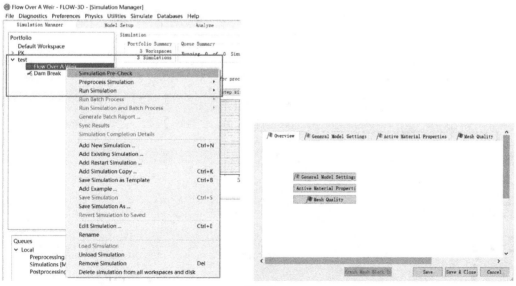

图 5-8

5.6.2 预处理

在 Simulation Manager 面板,选中项目名称后,点击鼠标右键—Simulation Preprogress Simulation—Local,运行完成后,软件右侧窗口显示如图所示。Pre-progressor 100%和下方的 Pre-progressor complete 均表示预处理完成,如图 5-9、图 5-10 所示。

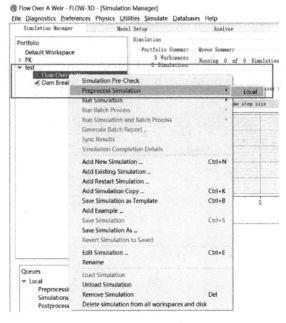

图 5-9

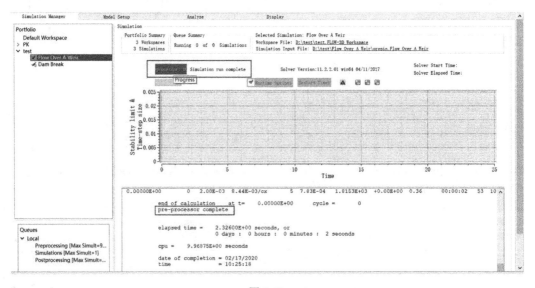

图 5-10

5.6.3 运行求解器

在 Simulation Manager 面板,选中项目名称后,点击鼠标右键—Run Simulation—Local,软件右侧窗口显示如图所示。Solver ∗% 表示求解进程,下方消息栏显示当前的计算步长。求解完成后,消息栏最后一行显示"Simulation run complete",表示计算完成。至此,全部计算完成,可切换至 Analyze 面板查看计算结果,如图 5-11、图 5-12 所示。

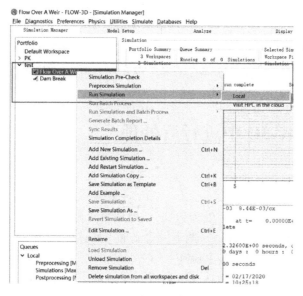

图 5-11

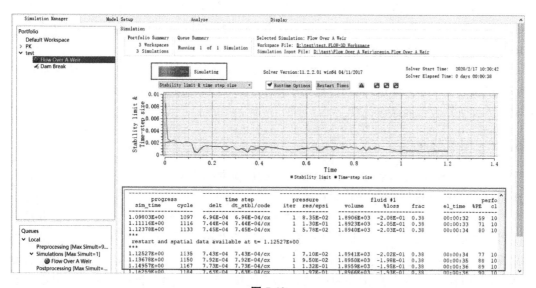

图 5-12

6 FLOW-3D 后处理

6.1 概　述

　　FLOW-3D 具有强大的后处理功能。利用 FLOW-3D 软件,用户可以查看水压力、速度、水头、等势线、等势面等多种数据,结果可以采用一维、二维、三维等多种方式进行表现,还可以利用软件制作流体动画。

6.2　在 FLOW-3D 中进行后处理

6.2.1　概述

　　在 FLOW-3D 中,提供两类后处理数据,一种是预置显示样式(Existing Plots),另一种是自定义显示样式(Custom Plots)。两者的含义如下所述。

6.2.1.1　预置显示样式(Existing Plots)

　　预置显示样式是由预处理器和求解器自动生成的。预处理器的输出名为 prpplt.ext,其中包含计算网格图,时变设置参数(例如组件功耗)的历史图以及与剪切相关的特性图。求解器输出文件名为 flsplt.ext,其中包含用户在仿真文件的 GRAFIC 列表中手动定义的图形。在绘图请求变量中列出了在 GRAFIC 名称列表中指定的用于创建现有绘图的变量。

6.2.1.2　自定义显示样式(Custom Plots)

　　自定义图是用户与软件生成的数据进行交互的主要方式。"分析"选项卡上的用户定义设置定义了绘图内容,其中包括用于创建 1D、2D 和 3D 绘图的选项,以及用于以不同文本格式输出数据的多个选项。

6.2.2　预置显示样式

　　一旦预处理器开始运行,prpplt.ext 文件便自动生成并可以用于后处理显示。计算完成后,flsplt.ext 文件将可以用于显示。

　　在预处理或计算完成之后。要打开两个文件,请转到"分析"选项卡,选择"打开结果文件"按钮,然后在"文件"对话框中选择"现有"单选按钮。prpplt.ext 和 flsplt.ext 文件将出现在对话框中。选择所需的文件,然后单击确定。可用图的列表将会显示在屏幕右侧的"控制面板"中。通过单击列表中的名称或使用"上一个"和"下一个"按钮,可以查看图。可以通过选择"格式"按钮下的选项来更改图形的各个方面,例如背景和前景色、线条粗细、矢量长度和颗粒大小。

　　注意:绘图文件 flsplt.＊特别有用,因为它包含诸如采样体积中的力、历史点绘图以及项目文件中 GRAFIC 名称列表中预定义的任何其他绘图。

关于预置显示样式(Existing Plots)的具体使用方法,参见本章 6.5 节的应用实例。

6.2.3 自定义显示样式

6.2.3.1 概念

自定义显示样式(Custom Plots)是指根据"分析"选项卡上的用户定义设置创建自定义图。用于创建 1D、2D 和 3D 图的选项,有一些用于以不同文本格式输出数据的选项,还有一些用于转换为平均、乘以常数以及积分/微分数据的选项。

在预处理完成或求解完成后,可以转到"分析"选项卡,选择"打开结果文件"按钮,然后在文件对话框中选择"自定义"单选按钮。根据需要选择 prpgrf.ext 文件或 flsgrf.ext 文件。

创建自定义显示样式的一般步骤:

(1)打开所需结果文件,一般是指 prpgrf.ext 文件或 flsgrf.ext 文件。

(2)选择所需显示类型,例如 1D、2D 和 3D。

(3)选择一个数据源,可以选择 restart、selected 或 solidification。

(4)选择要显示的 Mesh block。

(5)选择要显示的变量。

(6)定义变量的显示方式。

(7)选择显示范围。

(8)设置其他附加选项。

(9)选择是否需要显示单位。

(10)点击 Render 按钮。

6.2.3.2 常用自定义显示样式

1.Probe 图

Probe 图是某个点的数据随时间的变化。这些可以从重新启动数据、历史数据、与网格相关的数据(边界条件)或凝固数据中获取,如图 6-1 所示。

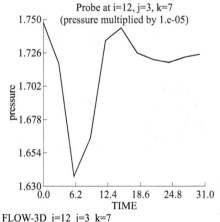
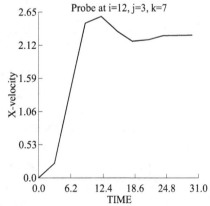

图 6-1 Probe 图

常用的有:空间变化量(压力、温度等)、诊断量(稳定性极限、残差、迭代次数等)、散装量(平均组件温度、总流体量等)、运动对象数据(质心位置、角速度等)、边界条件数据(边界流速等)。

2.1D 图

1D 图指某条线上某个变量随时间的变化情况,它显示了在特定时间一个变量在某个坐标方向上的变化。例如,此功能可用于显示线(X=0,Y=5)上压力随时间变化的图,如图 6-2 所示。

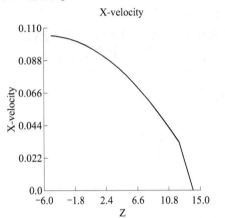

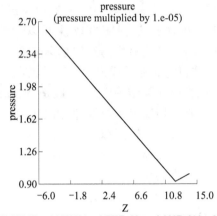

图 6-2 1D 图

3.2D 图

2D 图指某个面上某个变量随时间的变化情况,它显示了在特定时间一个变量在某个面上的变化。例如,此功能可用于显示面(Z=5)上压力随时间变化的图,如图 6-3 所示。

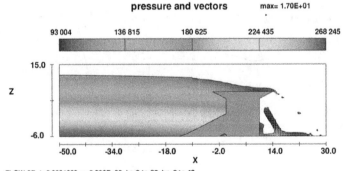

图 6-3 2D 图

4.3D 图

3D 图指某个三维面上某个变量随时间的变化情况,它显示了在特定时间一个变量在某个三维面上的变化。例如,此功能可用于显示三维流体面上温度随时间变化的图,如图6-4 所示。

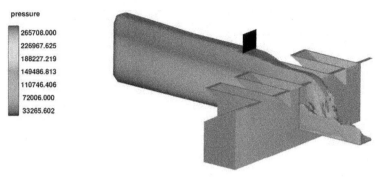

图 6-4　3D 图

5.文本数据

文本数据用来生成 ASCII 格式的数据。要生成文本输出,请单击"结果"按钮,然后选择"自定义"。选择所需的 flsgrf 文件,然后转到"文本输出"选项卡。首先选择所需的数据源,选择要写出的变量、数据的空间范围和时间。

如果指定的空间范围是三维数据,则将以 3D 格式(X,Y 和 Z 值后跟请求的数据)写出数据。如果请求二维数据,则以二维格式写出数据(将常量变量写在其余数据的上方,然后打开每行分别写入其他 2 个坐标,然后是请求的数据)。同样,如果请求一维或零维数据范围,则将数据适当地写出。

6.2.4　查看和操作输出结果

6.2.4.1　Probe、1D、2D 以及预置显示样式界面

这 4 类输出结果的显示界面如图 6-5 所示,分为 3 个区域,中间视图显示区域是要显示的结果,右侧是控制面板,视图上方是工具面板。

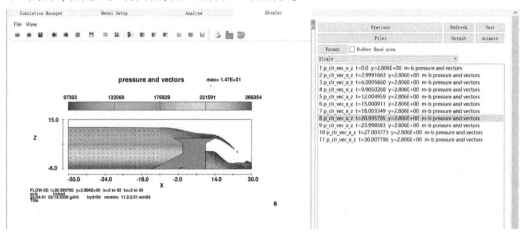

图 6-5　显示界面

工具面板上各个工具的含义见表 6-1。

表 6-1 　　　　　　　　　　　**工具面板上各个工具的含义**

序号	图标	名称	含义
1		打开结果文件	打开一个已经存在的结果文件,并且覆盖当前结果文件
2		追加打开结果文件	打开一个已经存在的结果文件,结果列表追加在当前结果文件列表之后
3		创建打印文件	保存当前文件至某个文件中
4		显示上一个结果文件	显示上一个结果文件,等于在右侧控制面板中单击选择上一个文件
5		显示下一个结果文件	显示下一个结果文件,等于在右侧控制面板中单击选择下一个文件
6		刷新视图显示	刷新视图显示
7		显示与隐藏右侧控制面板	显示与隐藏右侧控制面板
8		显示样式设置	更改颜色、比例、大小等设置
9		输出	导出为图片或动画
10		动画显示	按照右侧列表循环动画显示
11		停止动画	停止动画
12		加快动画	加快动画
13		减慢动画	减慢动画
14		单帧显示	一次只显示一帧
15		多帧显示	一次显示多帧
16		叠加多帧显示	叠加多帧显示
17		打印	打印
18		缩放至选择的物体	缩放至选择的物体
19		重置窗口	重置窗口

6.2.4.2 3D 显示样式界面

这 4 类输出结果的显示界面如图 6-6 所示,分为 4 个区域,中间视图显示区域是要显示的结果,左侧是控制面板,视图上方是工具面板,左下角是对象列表。

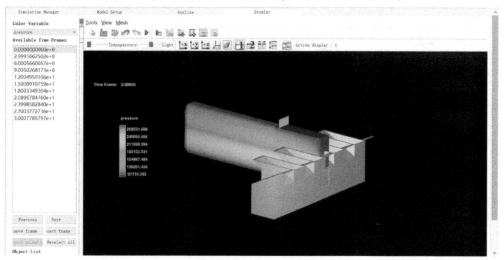

图 6-6 3D 显示样式界面

工具面板上各个工具的含义见表 6-2。

表 6-2 工具面板上各个工具的含义

序号	图标	名称	含义
1		打印	打印当前结果
2		缩放至选择的物体	缩放至选择的物体
3		重置视图	重置视图
4		撤销上一步操作	撤销平移、旋转、缩放等操作
5		重复上一步操作	重复平移、旋转、缩放等操作
6		创建动画	创建动画
7		创建区域动画	绘制一个矩形区域,然后创建动画
8		移动彩条	移动彩条
9		移动时间帧标签	移动时间帧标签
10		编辑标题	编辑标题

续表 6-2

序号	图标	名称	含义
11		移动标题	移动标题
12	+x	Y-Z 平面视图	Y-Z 平面视图
13	+y	X-Z 平面视图	X-Z 平面视图
14	+z	X-Y 平面视图	X-Y 平面视图
15		正交/透视视图切换	正交/透视视图切换
16	1	显示窗口 1	显示窗口 1
17	2	显示窗口 2	显示窗口 2
18		并排显示窗口 1	并排显示窗口 1
19		上下并排显示窗口 2	上下并排显示窗口 2

6.3 在 FlowSight 中进行后处理

6.3.1 FlowSight 简介

FlowSight 是一款基于 EnSight 软件研发的用于对 FLOW-3D 仿真结果进行后处理的工具。EnSight 软件是用于后期处理的行业黄金标准。FlowSight 拥有自己的界面,该界面可用于打开计算结果、创建体积渲染、等值面、2D 剪辑、Probe、绘图和输出的简单工具。

FlowSight 的右键功能非常强大,建议读者在使用软件过程中,多摸索右键菜单的使用。

6.3.2 鼠标操作方法

FlowSight 的鼠标操作与 FLOW-3D 一样,即按住鼠标左键可以旋转视图,按住鼠标右键可以平移视口,上下滚动鼠标滚轮可以缩放视口。

6.3.3 打开结果文件的方法

在 FlowSight 软件中,打开结果文件的方法如下:

(1)单击 按钮,或在菜单栏中依次点击 File-Open;

（2）切换到结果文件所在目录；

（3）选中 flsgrf.＊文件后，点击确定。

打开文件后，软件将自动显示压力等值云图，如果结果文件中存在粒子，粒子将以一种单独的颜色显示，并且还将显示每个网格块的轮廓，如图 6-7 所示。

 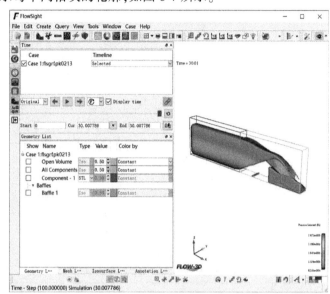

图 6-7 打开结果文件

打开文件的注意事项：在选择结果文件以后，打开文件对话框的最下方是选择将结果加载至 Restart 时间线还是 Selected 时间线，一旦选择将不能修改，除非重新加载。

6.3.4 时间控制工具

单击软件主界面左侧的 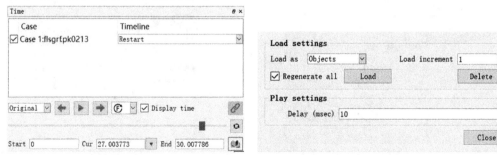 按钮，可打开时间控制工具，如图 6-8 所示，一般默认情况下该工具是打开的。时间控制工具有两种模式：Original 模式和 Flipbook 模式，前者是当某一帧被选中时，重新渲染该帧然后进行显示，后者是提前将所有帧渲染出来，在窗口中显示时仅进行切换，后者速度较快。

图 6-8 时间控制工具

时间控制工具各按钮作用见表 6-3。

表 6-3 时间控制工具各按钮作用

序号	图标	作用
1	Restart ∨	切换时间线 Restart 时间线和 Selected 时间线
2	Original ∨	切换显示模式：Original 或 Flipbook
3	←	显示上一帧
4	▶	循环播放动画
5	→	显示下一帧
6	ⓕ ∨	动画循环模式
7	☑ Display time	是否在视口中显示时间帧标题
8	▮ ↻	可用鼠标拖动滑块实现帧的切换
9	Start 0 Cur 30.007786 ∨ End 30.007786	手动输入起始帧、当前帧、结束帧
10	📖	点击打开 Flipbook 模式

6.3.5 视图相关操作

6.3.5.1 修改背景颜色

在视口任意位置点击鼠标右键—Background color，可选择黑色、白色、灰色、自定义颜色、渐变颜色等各种背景颜色。当背景为深色时，视口各种字体自动变为白色，如图 6-9、图 6-10 所示。

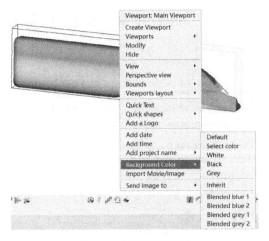

图 6-9 更改背景颜色

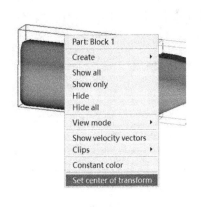

图 6-10 设置旋转中心点

6.3.5.2 中心点位置设置

中心点是指当旋转视口中的模型时围绕的点。在视口中有模型或 Mesh block 的任意位置处鼠标右键点击,可选择 Set center of transform,则该点为旋转的中心点。

6.3.5.3 视口操作

在视口中空白处鼠标右键点击,选择 View,然后更改视图为+X、−X、+Y、−Y、+Z、−Z 等方向(如图 6-11 所示)。

在视口中空白处鼠标右键点击,选择 Perspective View,可将视图切换为透视视图,选择 Orthographic View 可将视图切换为正交视图。透视图在渲染动画、图片时用处较大,正交视图在测量图形、比较长度时用处较大。

6.3.5.4 调整注释条

将鼠标放在注释条上方,注释条上会出现 4 个标识符,用于调整最大值数值,用于调整彩条大小、用于调整注释条整体位置、用于调整最小值(如图 6-12 所示)。

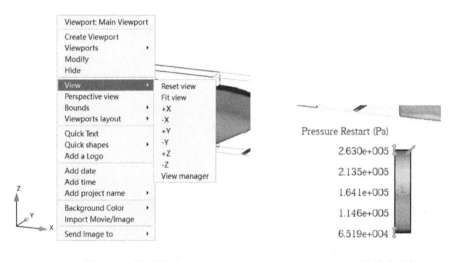

图 6-11 更改视图　　　　图 6-12 调整注释条

6.3.6 保存图片和动画

6.3.6.1 保存图片

保存图片的方法为:点击视图上方快捷工具,或者在菜单栏 Flie-Export-Image。

使用快捷工具时,软件给用户两种选择,可以将图片保存在默认位置,"Default location"表示将图片存在例如"C:\Users\dell\FlowSightImages"这样的路径下,"Specify a location"表示软件会弹出让用户选择保存位置的对话框,用户指定位置以后再保存图片。

使用菜单栏保存图片时,点击 Browse 按钮,也可以指定保存位置,图片的格式可以是 png 格式或 jpeg 格式,如图 6-13 所示。

图 6-13　保存图片

6.3.6.2　保存动画

保存动画的方法为:点击视图上方快捷工具 ，或者在菜单栏 Flie - Export - Animation。推荐使用第一种方法。

保存动画的窗口如图 6-14 所示。各选项的含义如下。

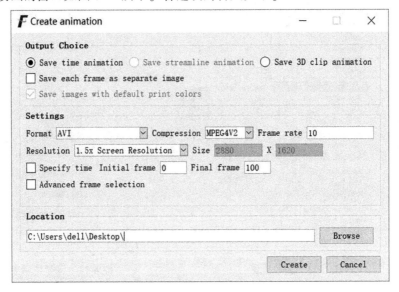

图 6-14　保存动画

（1）Save each frame as separate image:若勾选此选项,则保存动画的同时,也会将各帧图像保存至动画所在目录,并单独创建一个文件夹。

（2）Format:可以选择 AVI 格式、CEI EnVideo Movie 格式、MPEG、Movie 格式。AVI 是适用于 Windows 的格式,但是除非找到合适的播放器,否则在 Linux 上很难播放。CEI EnVideo 电影格式对于合并立体声很有用。MPEG 通常是最好的格式,因为它具有很高的压缩率和可移植性。建议选择 AVI 或者 MPEG 格式。

（3）Frame rate:帧速率,帧速率越大,创建出来的视频长度越短。软件默认总长 100 帧,Frame rate 若等于 10,则最终创建的视频长度为 100/10 = 10(s),Frame rate 若等于 5,则最终创建的视频长度为 100/5 = 20(s)。

（4）Location:视频保存路径及名称,此处一定要输入视频名称,否则视频无法保存。

6.3.7　创建和编辑等值面(Iso-surface)

6.3.7.1　创建等值面的4种方法

(1)方法1:点击工具栏中的创建等值面图标![icon]。

(2)方法2:菜单栏 Create-IsoSurface

(3)方法3:页面左下方,切换至 IsoSurface List 工具栏,Create 按钮可创建 IsoSurface。

(4)在视图区域,选中任意一个 Mesh block,点击鼠标右键—Create- IsoSurface。

创建等值面的方法如图6-15所示。

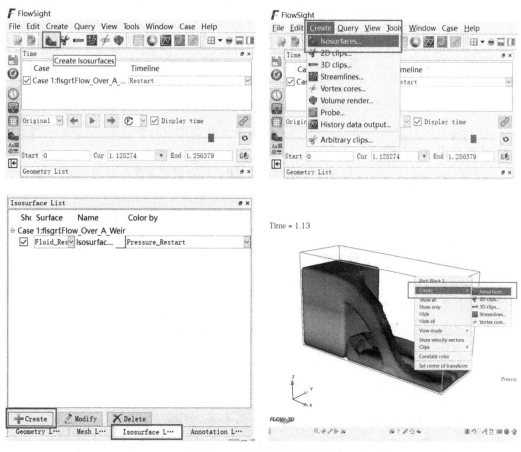

图6-15　创建等值面的方法

6.3.7.2　创建等值面时的选项设置

创建等值面时的选项设置如图6-16所示。

(1)上方的 Block1 和 Block2 表示生成的等值面所在的范围。例如勾选了 Block1 则只在 Block1 范围内显示等值面,反之亦然。

(2)Name 表示要创建的等值面的名称,默认名称为 IsoSurface,若用户不更改,则软件会在名称后自动添加阿拉伯数字,用以和前面的等值面区分,例如 IsoSurface-1。

(3)Creation 栏中的 surface 表示要生成等值面的区域。

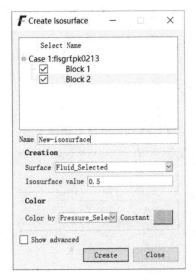 

图 6-16　创建等值面时的选项设置

（4）Color 栏中的 Color by 表示要以哪个变量来着色生成的等值面。Constant 表示用固定的颜色来着色等值面。

（5）Show advanced 可以打开高级设置选项,用户可以设置等值面的透明度、等值面的填充图案、等值面是否旋转和镜像等。

6.3.8　创建和编辑切面(Elip)

6.3.8.1　创建 2D 切面的 3 种方法

（1）方法 1:点击工具栏中的创建等值面图标 ✂ 。

（2）方法 2:菜单栏 Create-2D clips。

（3）方法 3:在视图区域,选中任意一个 Mesh block,点击鼠标右键-Create-2D clips。

以上 3 种方法如图 6-17 所示。

 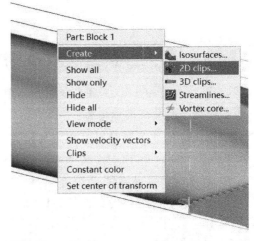

图 6-17

6.3.8.2 创建 2D 切面时的选项设置

创建 2D 切面时的选项设置如图 6-18 所示。

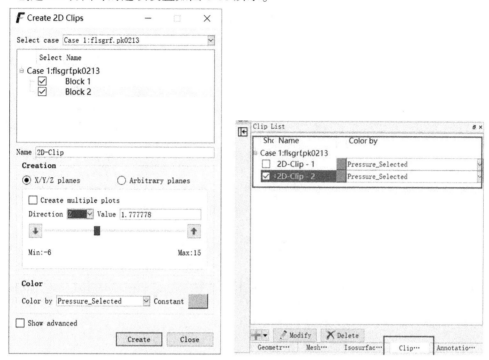

图 6-18 创建 2D 切面时的选项设置

（1）上方的 Block1 和 Block2 表示生成的 2D 切面所在的范围。例如勾选了 Block1 则只在 Block1 范围内显示等值面,反之亦然。

（2）Name 表示要创建的 2D 切面的名称,默认名称为 2D-Clip,若用户不更改,则软件会在名称后自动添加阿拉伯数字,用以和前面的等值面区分,例如 2D-Clip-1。

（3）Creation 栏中 X/Y/Z planes 表示生成与 X/Y/Z 轴平行的剖切面,Arbitrary planes 表示生成任意形状的切面,例如平面、方形、球形、圆柱形等。X/Y/Z planes 方式生成的切面在有几何体的地方是空白的,Arbitrary planes 方式生成的切面在有几何体的地方也会自动填充颜色。

（4）Color 栏中的 Color by 表示要以哪个变量来着色生成的切面。Constant 表示用固定的颜色来着色等值面。

（5）Show advanced 可以打开高级设置选项,用户可以设置切面的透明度、切面的填充图案、切面是否旋转和镜像等。

（6）生成完一个 2D 切面以后,页面左下方工具栏会自动添加一个 Clip lists 的子面板,用户可以在该面板中双击对切面数据进行修改。

6.3.9 创建和编辑流线（Streamlines）

6.3.9.1 流线的定义

流线表示假定在某时间点流态稳定的情况下,流体的运动方向。

6.3.9.2 流线的创建方法

在 Flowsight 中，创建流线有 7 种方法，分别如下。

（1）方法 1：在工具栏中点击 按钮，如图 6-19 所示。

图 6-19

（2）方法 2：在菜单栏 Create-Streamline。首先打开 Streamline list 窗口，可通过菜单栏—Windows-Toolbars/Panels-Streamline list 打开，然后点击 Streamline list 中的 Create 按钮创建流线，如图 6-20 所示。

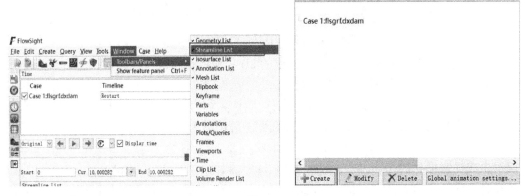

图 6-20

（3）方法 3：在视图区域，选中任意一个 Mesh block，点击鼠标右键-Create-Streamline，如图 6-21 所示。

（4）方法 4：在视图区域，选中任意一个 IsoSurface，点击鼠标右键-Create- Streamlines。

（5）方法 5：在左下角 Mesh list 窗口，选中某个 Mesh block 后，点击鼠标右键-Create-Streamlines，如图 6-22 所示。

（6）方法 6：在左下角 IsoSurface list 窗口，选中某个 IsoSurface 后，点击鼠标右键-Create- Streamlines。

（7）方法 7：在左下角 Clip list 窗口，选中某个 Clip 后，点击鼠标右键-Create- Streamlines，如图 6-23 所示。

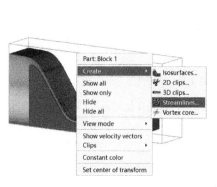 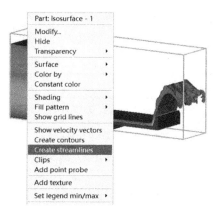

图 6-21

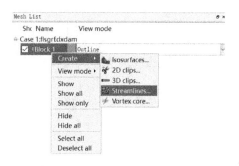 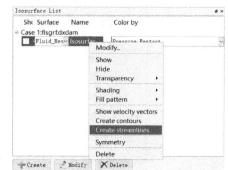

图 6-22

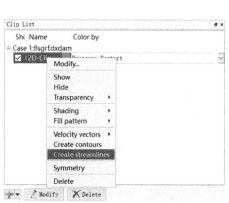

图 6-23

6.3.9.3　流线创建工具

通过以上 8 种方法,均可以打开创建流线窗口,各选项含义见表 6-4。

表 6-4　　　　　　　　　　　　　　流线创建工具的含义

序号	名称	含义
1	Select Case	选择结果文件,一般只有一个结果文件,保持默认即可
2	Name	要创建的流线名称,若用户不修改,软件自动在流线后面添加阿拉伯数字编号
3	Visible	创建完的流线是否可见
4	Type	可以为流线或路径线
5	Source	保持 velocity_restart 默认即可
6	Emit	流线发射选项: （1）Cursor,从指定的光标处发射出一根流线; （2）Line,从指定的线上发射出若干根流线,数量可以由 Points 变量指定; （3）Plane,从指定的平面上发射出若干根流线,数量由 X 值和 Y 值共同决定,流线数量等于 X 乘以 Y; （4）Part,从指定的 IsoSurface 或 2D clip 处发射出若干流线,数量可以由 Points 变量指定; （5）File,可以采用文件 *.emit_f3d 指定
7	Points	X 值和 Y 值分别表示 X 方向和 Y 方向的流线数量,例如 Y = 10,表示在 Y 方向,会生成 10 根流线。
8	Show as	流线的显示型式,可以是线、鲁比面、方形管、圆柱形管等型式
9	Arrows	流线上箭头的样式,可以是无箭头、实心箭头、三角箭头等样式
10	Color	流线采用哪个变量来渲染

6.3.10　创建和编辑路径线（Pathlines）

路径是单个流体粒子遵循的轨迹。

路径创建工具与流线创建工具为同一工具,打开方式参见 6.3.9.2 小节。

7 复杂模型建立

7.1 概 述

在 FLOW-3D 软件中,支持 3 种模型建立方式,分别是基本体(Primitives)、导入 STL 文件(Stereolithography (STL) Geometry File(s))、导入光栅文件(Raster File)。基本体用于创建基本的三维体,如圆球、圆柱体、正方体、长方体、圆锥体、圆环等。导入 STL 文件功能可以导入其他软件生成的 STL 格式的文件。光栅文件用于使用 ASC 文件定义实体或表面的粗糙度。在实际工程中,采用 STL 的情况占大多数,本章仅对 STL 文件的相关功能做说明,其余两种功能,请读者自行参考相关帮助文件。

尽管大多数 CAD 软件支持导出 STL 格式文件,但是也有一些并不能导出或创建 STL 文件。为此软件提供了多种关于 STL 文件的创建或编辑工具。

7.2 复杂模型创建及导入流程

7.2.1 建模注意事项

(1)建模时注意按照与实际比例为 1:1 的比例建模,建议采用国际单位米为建模单位。

(2)建模时,与水体接触的部位应精确建模,如上游面斜坡、WES 溢流面、两侧挡墙等,坝体内部与水体不接触的部位、孔洞、坝顶细部结构等,可粗略建模或者不建模。

(3)建模时,对于不同材质应分图层建立模型,因为不同的材质,在进行流体计算时,需要赋予不同的摩擦系数,为了 FLOW-3D 软件中便于选择实体并赋予材质参数,在建模时应按照材质进行分图层建模。

(4)应保证不同实体之间的缝隙,例如坝基和坝体、坝体内二期混凝土和大体积混凝土之间。缝隙过大,文件导入 FLOW-3D 软件中进行模型检查时会产生问题。

7.2.2 模型创建

复杂模型的创建一般在 CAD 软件中完成,例如 AutoCAD、MicroStation、CATIA、UG、3ds max 等。设计人员可选择自己熟悉的三维 CAD 建模软件完成模型的创建。在本书中,以 MicroStation 软件为例,说明模型创建的过程及注意事项。

以混凝土重力坝溢流坝段单坝段建模为例,该模型分为坝体和坝基两大部分。首先启动 MicroStation 软件,新建空白文件以后,设定工作单位为米,然后按照溢流坝段断面图尺寸建立坝段三维模型。

第一步,坝体创建。根据水工设计图纸,建立坝段模型,建模时,采取先建立轮廓体型,后用布尔运算命令扣除流道、孔洞的方法。

坝体剖面图和平面图,分别如图 7-1、图 7-2 所示。

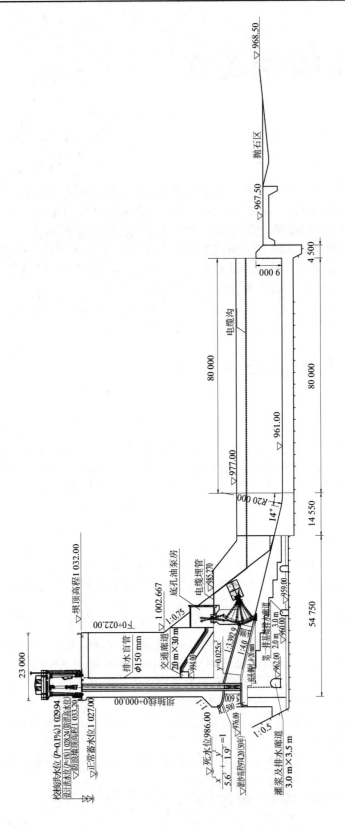

图7-1 底孔坝段剖面图(单位:mm)

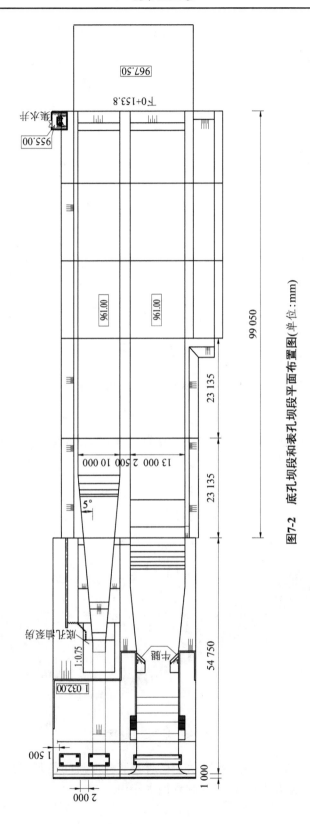

图7-2 底孔坝段和表孔坝段平面布置图(单位:mm)

坝段建模完成后模型如图 7-3 所示,坝段沿流道三维剖切视图如图 7-4 所示。

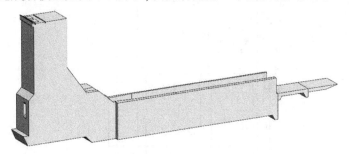

图 7-3　坝段建模完成后模型

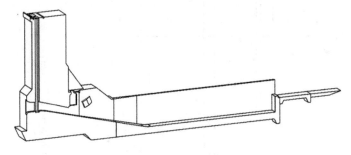

图 7-4　坝段沿流道三维剖切视图

第二步,坝基创建。为保证坝基和坝体连接处的吻合,在本模型创建过程中,采用 Bentley GEOPAK Site 软件进行坝基精确开挖设计,确保坝体和坝基结合处无缝隙。坝基上下游侧延伸范围,不小于 3 倍最大坝高,且下游侧要把底孔泄流范围全部涵盖。

坝基模型如图 7-5 所示。

图 7-5　地基三维模型

坝基与坝体组合模型如图 7-6 所示。在研究底孔泄流问题时,为保证模型计算准确性,其余坝段采用简化方式建模,仅仅起到挡水作用。

图 7-6 地基+坝体三维模型

7.2.3 STL 文件导出

导出时,保持 dgn 文件为打开状态,执行菜单"文件"–"导出"–"STL",弹出如图 7-7 所示的参数设置面板,保持参数为默认值,鼠标单击想要导出的实体,如单击地基实体,然后在空白处单击,弹出文件保存窗口,输入 STL 文件的名字,STL 文件的名字可以用中文,也可以用英文,单击保存即可生成 STL 文件,如图 7-8 所示。

图 7-7 导出模型参数设置

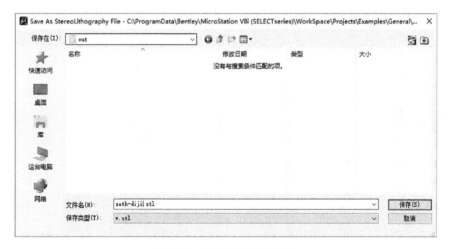

图 7-8 STL 文件保存窗口

当用其他 CAD 软件建立模型并导出 STL 文件的时候,流程可能与上述方法稍有差异,但原理基本相同,当导出失败时,建议尝试 STL 文件名称用英文、STL 文件保存路径不要有汉字。

7.2.4　STL 文件导入 FLOW-3D

首先建立工程,方法参见本书第 2 章。切换到 Model Setup(模型设置)面板-Meshing & Geometry(网格和几何)子面板,在保证最左侧"Geometry"功能按钮为选中状态的情况下,选择 STL 导入按钮。如图 7-9 所示。

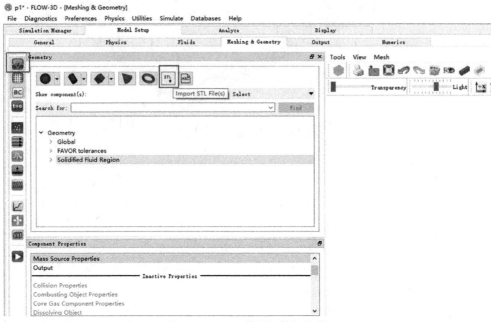

图 7-9　STL 文件导入按钮位置

随后弹出的是 Geometry Files 窗口,首先设置 Subcomponent 的名称,然后点击 Add 按钮,选择上一步生成的 STL 文件后,单击 OK 按钮,如图 7-10 所示。随后弹出 Add Component 窗口,如图 7-11 所示,设置 Component 的名称和类型,一般水工结构分析时,都用 Solid,单击 OK 按钮,完成 STL 文件的导入。

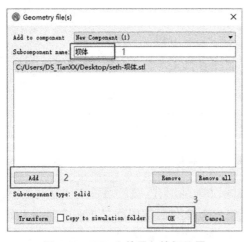

图 7-10　STL 文件导入按钮位置

图 7-11　Component 文件设置

　　STL 文件导入完成后如图 7-12 所示,通过图 7-12 可以看出,本工程几何共包含一个 Component(部件),名称为"坝体",该 Component 包含一个 Subcomponent(子部件),名称为"坝体"。

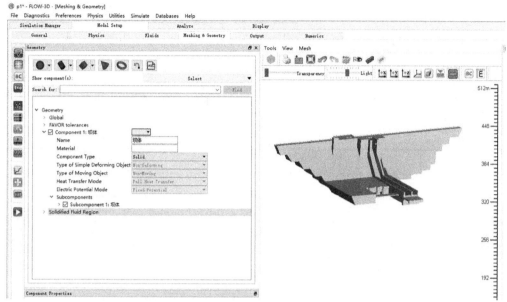

图 7-12　STL 文件导入完成后界面

7.2.5　多个 STL 格式文件导入

　　采用多个 STL 文件建立复杂模型的原因是,模型不同部分,材质不同,摩擦系数可能不同,为赋予不同材质的需要,应在建立完复杂模型以后,将模型不同部分分别导出成不同的 STL 文件。

　　多个 STL 格式文件的导入方法同 7.2.3 节所述。导入两个 Component 之后的界面如图 7-13 所示。通过 Component 前面的复选框可以选择每个 Component 的显示与否,可以为每个 Component 单独设置颜色、材质等属性。

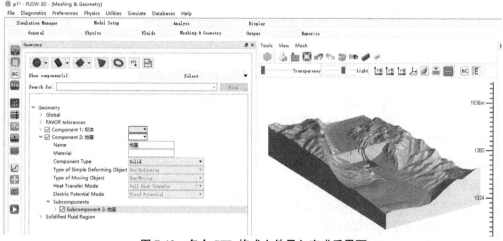

图 7-13　多个 STL 格式文件导入完成后界面

7.3 STL 相关工具

7.3.1 Cad2Stl 工具

7.3.1.1 软件简介

Cad2Stl 是用来转换不同的 CAD 文件到 stl 文件的工具。Cad2Stl 将表 7-1 的格式的文件转换成 stl 文件。

表 7-1 格式文件的转换

编 号	软 件	格式类型
1	Autodesk 3D Max	.3ds
2	Autodesk Alias	.obj
3	IGES	.igs，.iges
4	BREP	.brep
5	STEP	.stp，.step
6	ABAQUS 6.2+	.inp
7	NASTRAN	.blk
8	Marc Mentat	.dat

Cad2Stl 同时可以矫正文件中反向的法向量。这个工具所有已经激活用户都可以在用户网站(User Site)的 Utilities 版块下载。Cad2Stl 是 Flow Science 的日本子公司 Flow Science Japan 开发的工具。

7.3.1.2 使用方法

Cad2Stl 是用来转换不同的 CAD 文件到 stl 文件的工具。Cad2Stl 将以下格式的文件转换成 STL 文件,如图 7-14 所示。

(1)添加要转换的文件至对话框。

①Add 按钮——添加文件至对话框。

②Remove 按钮——从对话框中删除文件,要想删除某个文件,需要先选中它。

③STL 文件的名字默认是和 CAD 文件的名字相同的。如果想改名,可以在 STL 文件名字上双击修改。

(2)Refinement 选项是用来选择 STL 文件的精细程度的。一共有 4 个层级可供选择和预览。每当一个文件转换完成后,创建完成的 STL 文件会显示在窗口,用户可以根据预览决定是否满意或需要一个更高级别。随着精度的升级,文件大小也随之增加,但是处理的过程并不增加很多。不同类型的文件可以同时加载和转化。当加载完成后,会显示一个对话框(仅针对 BREP, IGES and STEP 文件)。

(3)根据需要选择需要的操作。

①Convert——转化文件,需要先在列表中选中文件。

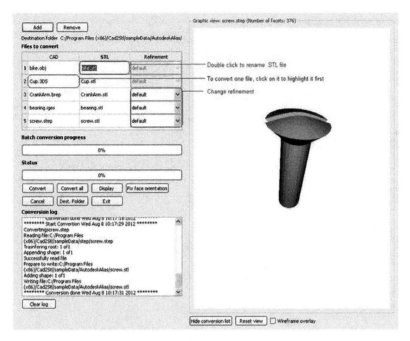

图 7-14

②Convert all——转化所有文件。

③display——显示选中的文件。

④Fix conversion list——关闭列表对话框,增加显示界面。

⑤WireFrame overlay——覆盖 STL 文件的面边,在窗口右下角。

⑥clear log——清除日志文件。

7.3.2　Topo2STL 工具

7.3.2.1　软件简介

在建模过程中,可能有些软件不支持导出 STL 格式文件,但是可以导出 topo 格式文件,为此,FLOW-3D 提供 Topo2STL 工具,用于将 topo 格式文件转化成 STL 格式文件。需要注意的是,Topo2STL 工具仅支持 Windows 系统。

7.3.2.2　topo 格式文件简介

topo 格式文件每行表示一个点,包含同一个坐标系中的 3 个坐标,以米或者英寸为单位,3 个坐标分别表示 X、Y、Z,X 和 Y 表示平面位置,Z 表示高程,X、Y、Z 之间用空格隔开。

7.3.2.3　使用方法

Topo2STL 工具使用方法按照以下步骤。

(1)运行"菜单"—"Utilities"—"Topo2STL",或双击运行"安装盘:\FLOW-3D\v11.2\Utilities\Topo2STL"路径下的 Topo2STL.exe,即可打开 Topo2STL 工具,如图 7-15 所示。

(2)运行 Topo2STL 工具以后,会自动打开文件选择界面,即可打开 Topo2STL 工具,如图 7-16 所示。

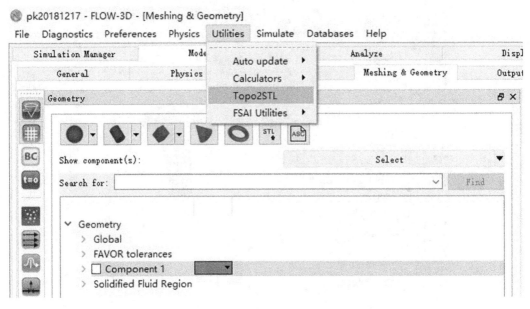

图 7-15

图 7-16

（3）选择一个 Topo 文件以后，Topo2STL 窗口会弹出，并计算 X、Y、Z 的坐标范围，即 X、Y、Z 的最大值和最小值。运行完成后界面如图 7-17 所示。

（4）用户需要输入空间分辨率（Spatial resolution）和最小 Z 值（STL minimum Z coordinate）两个参数。系统默认的值是采用以下公式计算出来的，用户可以根据需要进行修改。

空间分辨率（Spatial resolution）= 0.002 * min（X 值范围，Y 值范围）；

图 7-17

最小 Z 值(STL minimum Z coordinate)= Z Min 值-(Z Max 值-Z Min 值)。

(5)选择 STL 文件的存储位置以后,点击转化(Convert)按钮,即可将 Topo 文件转化为 STL 格式文件。

7.3.3 qAdmesh 工具

7.3.3.1 软件简介

qAdmesh 工具用于检查 STL 文件中的错误,并用于修正 STL 文件中的小错误,例如面未连接、法线方向错误、边未连接、缺少面等情况。在建模过程中,可能有些软件不支持导出 STL 格式文件,但是可以导出 Topo 格式文件,为此,FLOW-3D 提供 Topo2STL 工具,用于将 Topo 格式文件转化成 STL 格式文件。需要注意的是,Topo2STL 工具仅支持 Windows 系统。

7.3.3.2 使用方法

qAdmesh 工具使用方法按照以下步骤。

(1)运行"Model Setup"—"Meshing&Geometry"—"Tools"—"qAdmesh",或单击运行系统"开始"菜单—"所有程序"—"FLOW-3D v11. x. x"—"qAdmesh"命令。如图 7-18 所示。

(2)工具主界面如图 7-18 所示。单击上方的"Browse"可以选择计算机上的任意 STL 格式的文件。在输出类型中,选择输出的文件格式类型,一般建议用 Binary STL 格式,因为这种格式的文件占硬盘空间较小。在输出类型中,FLOW-3D 只识别 binary and ASCII formats 两种格式。

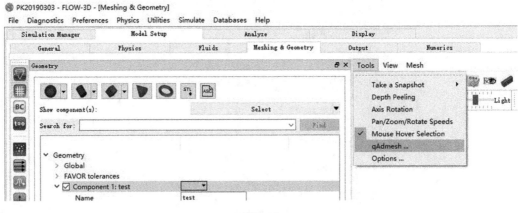

图 7-18

(3)单击"Apply"按钮,即可进行文件检查。检查的结果和推荐的错误修正方式会在信息窗口中显示出来。如图 7-19 所示。

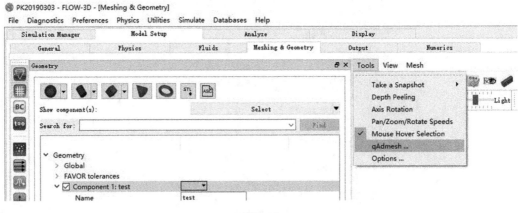

图 7-19

(4)"Transform&Torlerance"面板,提供一些编辑 STL 文件的工具,例如镜像、移动等,如图 7-20 所示。

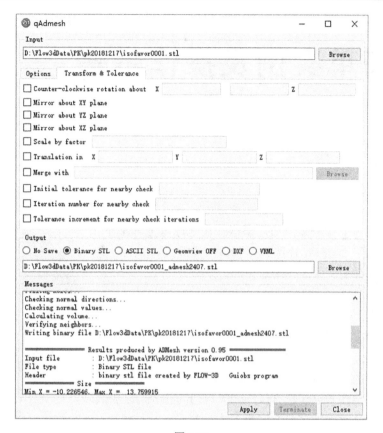

图 7-20

(5)需要注意的是,qAdmesh 工具是一款免费软件,当 STL 文件的错误过多时,该工具修复错误的能力有限。此时,建议重新采用 CAD 软件生成 STL 格式文件。

7.4　小　结

模型的建立是进行计算和分析的基础,水利工程涉及的建筑物体型往往比较复杂,且有很多异形体,在 FLOW-3D 软件本身提供的建模功能难以满足建模需求,此时需要借助外部三维 CAD 建模软件完成复杂模型创建。

本章重点介绍了基于 Bentley 平台的复杂模型创建流程,并介绍了 FLOW-3D 软件提供的模型处理和检查工具,采用其他 CAD 软件进行三维建模后,可以参考本章介绍的方法进行模型转化为 STL 文件后,导入 FLOW-3D 软件进行使用。

8 简单实例及操作步骤

8.1 练习1

8.1.1 描述

本练习是一个常规罐体加注模拟。在地球重力环境下，对一个带有圆柱状进口的巨大球状罐体(如图 8-1 所示)进行注水。罐体最初所含液体为静止的。

8.1.2 目标

在本练习中，操作者将逐步决定计算区域尺寸、网格分辨率和物理模型。系统提供一个带有一个长 5 m，直径 2 m 圆柱状进水管的直径 10 m 的常规球状罐体的 CAD 几何图形文件。将对罐体注水 100 s。同时提供一个备选练习，以测试不同压力求解器对此类模拟的效率。

8.1.3 启动模拟

启动 FLOW-3D 并立刻在/Class/Aerospace/Handson－2 目录中以 prepin.fill 保存工程。

设计一个模拟的第一步是理解将要建模的问题。通过建立或导入几何模型开始模拟启动是有利的。在本例中，已在 \Class\Aerospace 目录下建立好一个名为 tank.stl 的 CAD 文件，其界定了罐体。

图 8-1 在本练习中将加注直径为 10 m 的球状罐体

8.1.4 导入 CAD 几何图形

为导入 tank.stl 中定义的罐体几何图形，第一步选择网格 & 几何图形标签，以切换图形用户界面集中于该栏标。从子组件 sub 菜单中，选择几何图形文件。选择添加，然后在文件对话框中选择 tank.stl 文件。点击打开将其添加进几何图形文件对话框。此时应看到如图 8-2 所示的几何图形对话框，点击 OK，再次点击 OK 导入文件作为一个标准组件。

在选择 tank.stl 后，将在几何图形文件对话框出现如图 8-2 所示。

在导入几何图形文件后，将在几何 & 网格窗口中看到一个巨大的球体。使用鼠标(左击、移动、松开)旋转罐体直至其类似图如图 8-3 所示。同时，注意罐体呈现如几何 & 网格窗口左侧几何图形树组件 1 中子组件 1 所示情况。

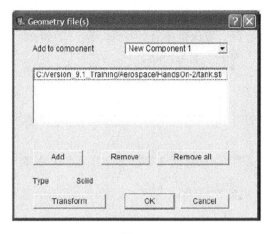

图 8-2

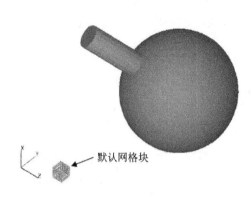

默认网格块

图 8-3

8.1.5　确定计算区域尺寸需要

为进入网格化步骤,首先需确定计算区域尺寸,以便精确地模拟问题。模拟的首要目的仅仅是加注罐体,所以,计算区域最少要包括整个罐体。罐体的尺寸如几何图形树中所示。为查看尺寸,需点击组件 1,然后为子组件 1,之后是最小/最大。几何图形树显示如图 8-4 所示。

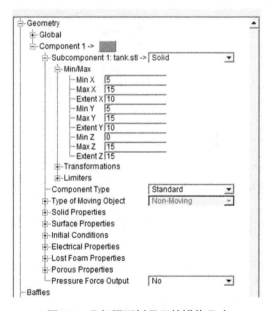

图 8-4　几何图形树显示的罐体尺寸

如图 8-4 所示,罐体尺寸(包括进口)为 X:5.0~15.0;Y:5.0~15.0;Z:0.0~15.0。

从 FLOW-3D 角度来讲,tank.stl 尺寸单位是未知的。可能是英寸、英尺、毫米或 CAD 设计人员选择的其他单位。

假设已知创建罐体的 CAD 模型单位为米(SI),可以选择将 SI 作为系统单位,或者将模型单位变为公制或英制。

因此,导入的液体和固体特性单位也应为公制。应保持所有的特性一致。例如,如果规定液体的导热性为公制,则必须规定固体性状的单位也为公制。

8.1.6 网格生成

使用交互网格生成器,是生成网格最简单的方法,使用者依靠鼠标在几何体周围拖框选择一个区域,然后将网格与几何体对齐。

使用拖框操作创建网格,几何体应在 2D 视图下,且任何 2D 视图均可。点击主菜单的 +Y 图标  选择 X-Z 视图。随后点击生成网格图标 ,然后在出现的信息对话框中点击 OK。

使用鼠标左键,在整个罐体和进口周围拖出一个图框,然后松开,随后的对话框将如图 8-5 所示。

通过选择对齐到几何图形框,使网格块准确匹配罐体。新网格块的默认网格数量为1 000。暂时使用此数值并点击 OK。网格化和几何图形窗口应如图 8-6 所示。

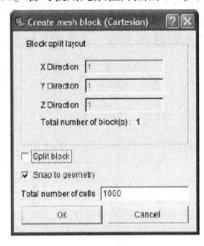

图 8-5　生成网格对话框

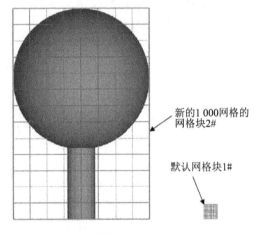

图 8-6　网格化和几何图形窗口

由于1#网格块非必要,故应删除。通过点击网格,打开网格树。右击 1#网格块并选择删除。

网格树目前应只包含一个网格块。

此时应注意的一个重点是 tank.stl CAD 文件代表的罐体是固体。由于目标是进行罐体加注,所以几何体应作为固体的补充来表示。通过打开几何组件下的次级组件 1 建立固体的补充,以便子组件 1 可视。然后点击固体(tank.stl 右侧)并选择补充(如图 8-7 所示)。

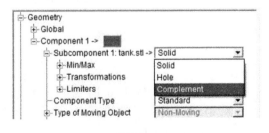

图 8-7

网格和几何图形窗口应如图 8-8 所示。

图 8-8 代表罐体的半透明图,水箱内部为空同时水箱
周围所有物质均为固体。

建议经常保存工程。通过选择文件→保存文件。

8.1.7 网格分辨率问题—几何特性

本练习中稍早时创建的网格是基于默认值 1 000。根
据模型中需要分辨的比例(几何的、物理的等),选择所采
用的网格分辨率。几何比例指特征点的尺寸,例如进口、
流量控制设施等。问题的物理比例指的是黏性厚度和热
力边界层,以及是否需要分解。

FLOW-3D 图 形 用 户 界 面 中 有 一 个 非 常 方 便 的

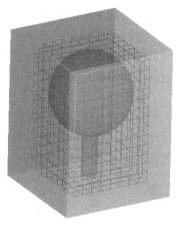

图 8-8　网格和几何图形窗口

FAVORize功能,可回答必需哪种网格分辨率来表达几何特性的问题。该功能允许使用者
快速查看一个网格的"质量",以及其表达几何特性的能力。

FAVORIZE 几何图形,点击图标 👁 ,将出现一个对话框,可查看固体体积或开放空
间。选择开放空间(罐体)同时点击渲染。将出现如图 8-9 所示的图像。

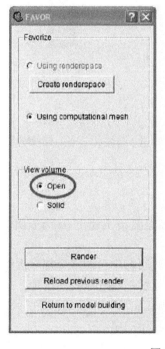

图 8-9

请注意,尽管已将罐体相当精确地表达,但进口并未分解。为找出进口未被分解的原
因,可点击返回模型创建按钮并点击 Y+图标,查看 Y+角度的罐体几何体和 X-Z 平面的网
格。应看到类似如图 8-10 所示情况。

注意分解进口的网格少于 2。一种方法是仅仅增加网格块 1 中网格总数量。自动网

· 73 ·

格特性有助于快速且容易地增加或减少网格尺寸。

在网格树图形用户界面左侧右键点击块 1,来对其应用自动网格。从弹出菜单中选择自动网格。在自动网格中有两个选项,其一是在网格块中规定网格总数量,另一个是规定网格块中所有网格的尺寸。

鉴于罐体尺寸已知(直径 10 m),则指定尺寸将较简单,所以可通过 20 个网格(尺寸 = 0.5)粗略地分解直径。在尺寸框中输入"0.5"并点击 OK。再次点击 Favorize 按钮并渲染开放空间。通过选择菜单选项网格将网格覆盖在几何体上,然后展示。结果应与图 8-11 类似。注意当前应大致有 4 个网格单元穿过进口,以使其被充分解析。

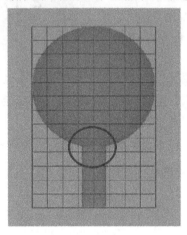

图 8-10   图 8-11

8.1.8 网格分辨率问题—获取物性

通常,确定特定参数重要性是确定无量纲参数,例如雷诺数、邦德数以及韦伯数。

Re = 雷诺数 = 惯性力/黏性力 = $\rho LU/\mu$

Bo = 邦德数 = 重力/表面张力 = $g\rho L^2/\sigma$

We = 韦伯数 = 惯性力/表面张力 = $\rho LU^2/\sigma$

式中,U 为特征速度;L 为特征长度;g 为重力加速度;ρ 为密度;σ 为表面张力系数;μ 为动力黏性系数。

计算雷诺数和韦伯数时,需要特征速度。在目标中已明确应加注罐体约 100 s。罐体容积大约 540 m³,且进口直径为 2 m。加注罐体的进口处所需速度为:

速度 = 540 m³÷(100 s×π×(1.0 m)²) = 1.7 m/s

则雷诺数 Re = 1.7 m/s×2 m÷(1.0×10⁻⁶ m²/s) = 3.4×10⁶

注意:公制单位下水的典型运动黏度请查阅 FLOW-3D 用户手册第 11.2.15 节。

由于雷诺数远大于 1,所以惯性力远比黏性力重要。因此,无需计算黏性力,亦即惯性力≫黏性力。因其表示精细网格非必需,故这一点很重要。由于黏性力不重要,它也表示无需规定黏性特性。

通过计算邦德数和韦伯数,可确定此模拟中表面张力是否重要。邦德数和韦伯数为:

Bo = 9.8 m/s²×1 000 kg/m³×(2 m)²÷0.073 kg/s² = 5.4×10⁵

$$We = 2 \text{ m} \times (1.7 \text{ m/s})^2 \times 1\,000 \text{ kg/m}^3 \div (0.073 \text{ kg/s}^2) = 7.9 \times 10^4$$

显然,惯性力和黏性力两者都控制着表面张力。因此,模拟中无需考虑表面张力。如果在微重力环境对该加注模拟进行计算,则表面张力可能较重要,并可能需要进行模拟。

本练习为无量纲分析,表明网格只需对于解析几何结构足够精细即可。此处无需对网格近一步细化。

8.1.9　预览模型

此处,预览模型可能有用。在模型启动面板选择完成标签→点击预览按钮。将运行 FLOW-3D 预处理,并创建可用于浏览模型不同方面的数据。

随着预览的运行,将看到类似于图 8-12 所示的预览/模拟对话框。对话框顶部将出现一个移动的进程条,显示预处理已经完成的百分比。

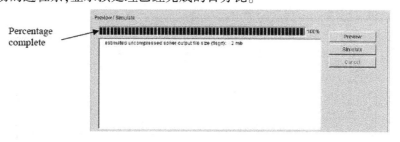

图 8-12　预览阶段提供的预处理产生的有用信息、错误以及警告信息图

选择分析栏标,可创建模型的多个视图。选择文件 prpgrf.fill 并点击 OK。2D 绘图对于确定网格分辨率问题很有用。通过选择 2D 栏标,可将分析面板切换至 2D 视图,如图 8-13 所示。

从平面分组框单选 X-Z 和网格框按钮,在 X-Z 平面靠近 Y=10 处创建 2D 视图(默认选择)。

点击渲染,生成通过罐体中心的横断面视图。计算网格将覆盖在几何体上,如图 8-14 所示。注意,罐体进口目前已充分解析。

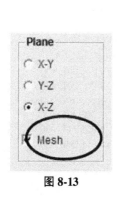

图 8-13

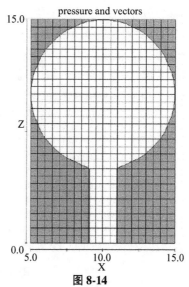

图 8-14

8.1.10 边界条件

在本练习中,基于进口直径 2 m,已确定 100 s 注满罐体所必须的速度为 1.7 m/s。该速度将被用于 Z 最小边界。可通过选择模型设置栏标,然后选择边界栏标进入边界条件。选择特定边界有以下两种方式:

(1)在显示图中双击边界。

(2)在网格边界树中选择边界。

选择 Z-min 边界,并单选指定速度按钮。设置 W 速度为"+1.7",点击 OK。如图 8-15 所示。

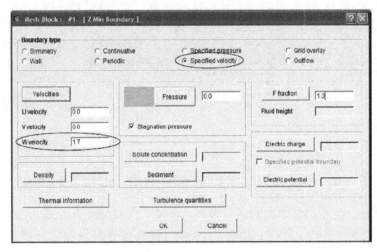

图 8-15　网格块:1#对话框

保存模型,并通过选择模型设置→完成→预览进行预览。

当应用速度边界条件时需考虑 2 个问题:

(1)在 Z-最小边界的实际(FAVORized)开放区域是什么?

(2)需调整的指定速度是基于实际区域吗?

为确定 Z-最小边界的实际开放区域,从顶部菜单选择诊断,预处理汇总。选择搜索按钮,输入"开放区域"并点击 OK。将出现如图 8-16 所示信息。

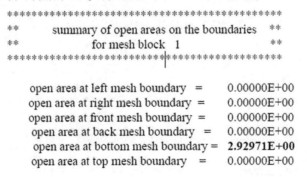

```
*************************************************
**        summary of open areas on the boundaries     **
**                for mesh block   1                   **
*************************************************

        open area at left mesh boundary   =    0.00000E+00
        open area at right mesh boundary  =    0.00000E+00
        open area at front mesh boundary  =    0.00000E+00
        open area at back mesh boundary   =    0.00000E+00
        open area at bottom mesh boundary =    2.92971E+00
        open area at top mesh boundary    =    0.00000E+00
```

图 8-16

进口直径为 2 m,面积=π×(1 m)²,所以进口实际面积应为 3.141 5 m²。

增加网格分辨率将改进对进口的描述。使用自动网格功能将分辨率从 0.5 m 增加至 0.25 m,再次预览模型。通过选择诊断,预处理汇总在底部边界检查开放面积。显示面积应为 3.027 69 m²,偏差为 3.6%。对于大多数计算,这是一个可以接受的偏差。然而,底部边界的速度应针对此偏差进行相应调节。

为调节底部边界的速度以满足实际的进口面积和罐体体积,需要罐体实际的 FAVORized 体积。该值为“5.372 14E+2”,可通过在诊断中搜索开放空间找到。为实现加注时间为 100 s,底部边界的速度需为:

速度 = 537.214 m³/π×(1 m)²/100 s = 1.71 m/s

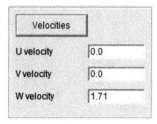

需要在底部(Z Min)边界对该速度进行调整。选择模型设置→边界按钮,展开网格边界,块 1 分支。点击 Z Min 按钮,将出现网格块:1#[Z Min 边界]对话框。单选设定速度按钮,改变此边界为速度类型边界。然后,在 W 速度编辑框中输入“1.71”,如图 8-17 所示。点击 OK 以关闭对话框。

图 8-17

通过选择工程→保存来保存工程。

8.1.11 全局参数

模拟设置过程的下一步是确定全局参数,例如模拟的完成时间。从模型设置面板选择全局栏标。练习一开始已规定,目标是 100 s 注满罐体。这便是模拟的完成时间。考虑时间,在完成时间编辑框中输入“25.0”,如图 8-18 所示。

图 8-18

终止模拟的默认方法是在完成条件组中设置完成时间。或者,可将设置完成条件调整为设置充填率,并将其设置为需要终止模拟的状态。例如,如果想在罐体 50% 满时终止模拟,应单击选择充填率按钮,并在完成率框内输入“0.5”。至此,保持完成时间按钮选定。

接受全局栏标中其余默认选项。它们为:

(1)界面追踪。该选项允许 FLOW-3D 求解器精确地追踪水和空隙间的交界面,并保持界面明显及清晰。假设使用气态氢加注罐体,则可能需要关闭界面追踪,然后选择无清晰界面,同时在流体数量组框中单击选择两种流体按钮,以便允许弥散。

(2)流体数量。此处只需要对一种流体建模。可将初始充填罐体的气体按空隙对待,同时不需计算气体中速度。只要空气中速度以及因此导致的压力变化较小,那么该假设就是有效的。由于空气在界面以相同速度移动,其速度(以及压力梯度)将较低。如果通过一个扩散器以较高速度和温度加入气体,则可能需要按压缩气体对待。

(3)流动模式。对液体建模,一直选择不可压缩模式。FLOW-3D 有能力模拟完全可压缩气体和微可压缩液体以及声波传播,但这些情况不用于此处。

8.1.12 模拟的物理模型

模拟设置过程的下一步骤是激活适合的物理模型。选择模型设置/物理按钮以显示可用的物理模型。

如前所述,由于雷诺数较大,黏性的影响可以忽略。

点击重力按钮,并在 Z-方向重力分量编辑框内输入"-9.8",点击 OK,如图 8-19 所示。

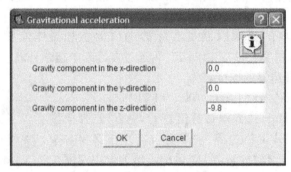

图 8-19 重力加速度编辑框

罐体当前处于地球重力环境中,即惯性参考系下,因此,重力朝向下。也可使用一个惯性参考系,可在指定移动,例如平移和旋转时获得更大的灵活性。后面将进行探索。

前文提到,由于重力和惯性导致的加速水平显著,邦德数和雷诺数非常大,因此,无需激活表面张力。

8.1.13 图形输出数据

目前大多数模拟参数已完成设置。最后一个问题是考虑需要何种类型信息来分析模拟结论。FLOW-3D 输出模拟的信息,包括速度、温度和规律间隔的流体分数。此例中默认间隔为 10 s(完成时间的 1/10)。可以多种方式浏览标准数据,例如 2D 等高线图和3D 等面图。这可能足够或不足以回答模拟的问题。假定当前数据输出接受默认。通过在顶部菜单选择"工程/保存"保存工程。

8.1.14 运行模拟

选择模型设置/完成按钮。点击模拟按钮来运行模拟。将出现求解器窗口,类似图 8-20所示。在图形列表中点击流体 1 体积,浏览罐体中流体体积随时间增长。由于流量恒定,体积应线性增加,可通过图形确认。

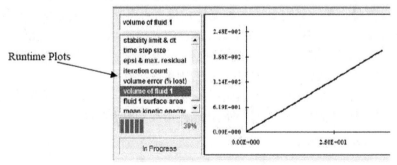

图 8-20

针对模拟,运行时间图提供了大量有用信息,如下所述。

(1)稳定极限 &dt:dt 时间步骤远小于稳定极限(如图 8-21 所示)。理轮上,需要模拟的整个过程的时间步骤均与稳定极限相同。

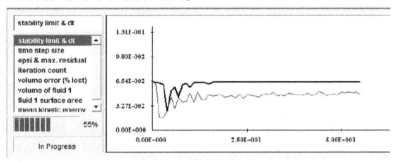

图 8-21

(2)重复计数:表示每个时间步骤压力重复使用次数。注意平均重复次数约为 55 次或 60 次。由于模拟的本性,其高于预期(一般每个时间步骤约重复 10 次)。在本模拟中,流体中压力为静水压(由于重力)。每个时间步骤,随着更多的流体注入罐体,流体内总压力均匀增加。标准压力求解器(逐次超松弛迭代法)在跨域分配压力增加时存在困难。

(3)停止模拟:此时,停止模拟以便进行后处理步骤。

8.1.15　结论的后处理

通过选择分析按钮→选择自定义单选按钮并选择 flsgrf.fill,浏览模拟结果,点击 OK。

在本模拟中主要关注点可能是加注类型。有几种演示加注的方式。可以在 X-Z 或 Y-Z 平面看 2D 横截面等高图,或流体表面 3D 图。2D 图非常有信息性,将从它开始,在分析面板选择 2D 按钮,如图 8-22 所示。

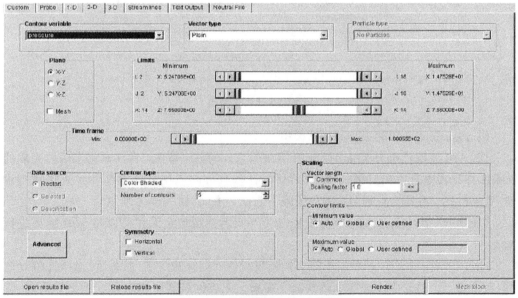

图 8-22　结果模型中的 2D 面板

在平面组中选择 X-Z 或 Y-Z 单选按钮。点击渲染按钮,生成包含模拟全程的时间系列图。图形右侧将出现一个窗口。点击下一步按钮跳过它们。注意进口压力在模拟过程中如何连续地增加。这便是在求解阶段压力求解器较通常工作强度更大的原因(高迭代计算)。

可尝试其他图形选项,例如改变向量类型或等高图变量。

8.1.16 备选练习

如时间允许,尝试其他压力求解器。

在 FLOW-3D 中默认压力求解器是超松弛迭代法(SOR)方法。此方法在许多情况下非常有效,但并非所有情况下有效。在本练习中,将检查其他压力求解器的效率。此结果可能不能泛化到所有问题,但在加注类型模拟中保持正确。

在开始下一个模拟前,进入判断,报告文件中寻找加注模拟的运行时间。在此为 SOR 法记录运行时间。

(1)广义极小残量法(GMRES)是除 SOR 法外另一种可选择的压力求解器。从模型设置,数字面板选择 GMRES 压力求解器,如图 8-23 所示。

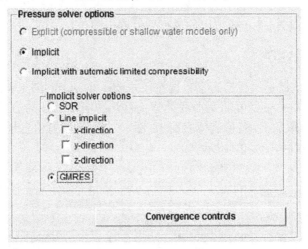

图 8-23　压力求解器

以 prepin.gmres 保存工程并运行模拟。

(2)ADI 线隐式压力求解器是 SOR 求解器之外的另一备选。由于压力求解器完成的大量工作是在垂直方向持续调整压力,所以在垂直方向应用 ADI 求解器。选择模型设置,数字栏标。在压力求解器选项中线隐下选择 Z 方向,如图 8-24 所示。

以不同名字(prepin.adi)保存工程以便不同名称增加结果并可以与 SOR 结果进行对比。

通过尝试在 Z 方向使用线隐求解器,将发现迭代运算减少了,但总运行时间(CPU 时间)却增加了。这是由于线隐求解器数字密集。无法保障其比 SOR 法更有效。因此,除非无法达到收敛时,建议默认使用 SOR 压力求解器。

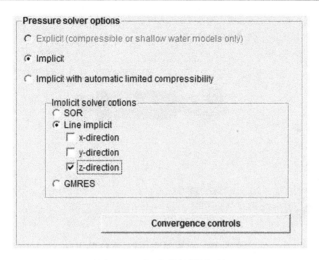

图 8-24 压力求解器选项

一旦所有 3 种模拟均完成,可以得到结论,即 GMRES 压力求解器是最快的,SOR 法运行时间约为其 2 倍长,而 ADI 法运行时间为 GMRES 法的 6 倍。

8.2 练习 2

8.2.1 问题描述

模型由一个倾倒盆、一个浇筑口和一段流道组成。在浇筑成型过程中,流体通过浇筑口下落并随后进入盆状几何体。温度随着流体流过模具以及表面缺陷密度变化,表面缺陷密度可通过氧化物浓度的增加和移动来追踪,以上构成了本模拟的两个变量。

翻译成 FLOW-3D 术语,本问题为一个自由表面、一种流体、无压流,使用物理模型,例如凝固、热传导、重力缺陷追踪和紊流的模拟。

8.2.2 目标

在本练习中,将研究网格创建,多网格块使用以及边界条件设置。也将展示一些有用的数据处理技术。

8.2.3 网格化

prepin.h2 文件包含对固态几何体和物理模型的定义,便于集中精力于建立网格和设定边界条件。

如果程序未打开,则在桌面上双击 FLOW-3D 图标。

在工程菜单选择打开。找到 class\casting\handson2 目录,并选择名为 prepin.h2 的 prepin 文件。选择模型设置/网格化 & 几何体栏标,如图 8-25 所示。

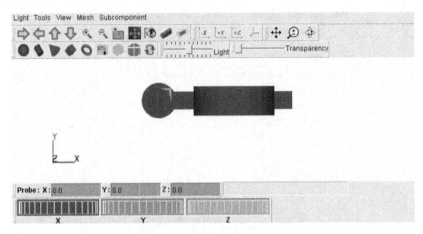

图 8-25　设置模式下的 FLOW-3D

　　图 8-25 展示了模型设置/网格化 & 几何体的 FLOW-3D。通过点击和拖曳鼠标左键可旋转视图。

　　图 8-26 展示了 X-Z 平面正视图。如果你无法看到网格,可以在图片上调整透明化幻灯片控制。

图 8-26　Z-X 平面正视初始网格

　　可见网格对于该部位太小,改变网格尺寸以包围该部位的大部分,确保至少一些砂方包含在网格中,且浇筑口不会被模具堵塞。

　　可感受到浇筑口、滑道和部件系统的形状。需要了解实际尺寸,以便可确定计算区域。在几何体树中增加全局分支。

　　已展示系统的尺寸,部件展布范围为-15<X<115、-15<Y<15 和-30<Z<120,单位为

毫米(mm),必须清楚 STL 部件单位。

认识到尺寸单位为毫米很重要。在 FLOW-3D 数据库内,以米制或厘米-克-秒单位来定义合金性状。这些单位系统没有使用毫米作为标准长度单位的,也不会改变合金特性单位为毫米,而改变部件尺寸为厘米较简单。因此,所有网格块将以厘米单位来创建。为解决该问题,创建网格时设定长度单位。厘米是厘米·克·秒(cgs)单位系统的一部分。使用厘米将使所有结果的单位相符。

如何使用部件的尺寸?使用浇筑口和部件的最大尺寸定义网格较简单。

第一次尝试,以 2 个维度运行该浇筑以使运行时间合理。Y 维度将为第三维度(内容外的)。仍需要设置 Y 维度。需要在浇筑口/滑道中心直接创建网格。因此,选择-1 mm< Y<1 mm,见表 8-1。

表 8-1　　　　　　　　　　　　　网格尺寸汇总　　　　　　　　　　　　单位:mm

坐标	最小	最大
X	-25	125
Y	-1	1
Z	-40	114

使用以上确定的尺寸创建网格块,并查看其捕捉目标的效果。

在网格-笛卡儿坐标树中,展开块 1/X 方向分支(不要在总网格框中输入任何信息)。以厘米为单位输入尺寸。在 Fixed Pt.(1)框中输入"-2.5"。则设定了网格 X 坐标的最小值。切记,一个固定点将使预处理器在该位置定义一个网格线。

下一步,在 Fixed Pt.(2)框中键入"12.5"。此操作设定了块 1 的 X 坐标最大值。这些改变的影响可以立刻看到。在图片以上的网格菜单中选择更新。随着新数值起作用,网格将在 X 方向增长。

再下一步,打开 Y 方向。在 Fixed Pt.(1)框中输入"-0.1",并在 Fixed Pt.(2)框中键入"0.1"。

然后,打开 Z 方向。在 Fixed Pt.(1)框中输入"-4.0",并在 Fixed Pt.(2)框中键入"11.4"。

图 8-27 展示了在输入所有尺寸后的网格树。

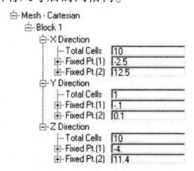

图 8-27　在输入初始问题尺寸后的网格树

在网格菜单选择更新以查看新网格。图 8-28 展示的是 X-Z 平面正视图。

图 8-28 二维网格的 X-Z 正视图

　　此网格的尺寸是可接受的。网格包围了空洞的所有侧。这也使模具材料包围了空洞。在顶部,浇筑口延伸至网格以外,此延伸形成了金属进入模具的开口。

　　网格尺寸仍稍显粗糙。可使用自动网格化来精细化网格尺寸。展开块1,随后右键点击,将出现一个弹出窗口,选择自动网格,如图8-29所示。

　　出现自动网格尺寸对话框。可通过此对话框设置总网格或所有网格尺寸。首先,检查 X 和 Z 方向。因这是一个二维问题,故不用检查 Y 方向,并且 Y 方向网格数量被冻结在 1。

　　需要设置什么网格尺寸呢? 这是一个难题。几何体曲线部分的分辨率是一个重要因素。回看图 8-28 中该部位的圆柱形孔。它位于两个网格之间,只有一个网格宽度。如果使用大约 1/3 网格尺寸,则将有 3 个或 4 个网格表示它。在所有网格尺寸编辑框中输入"0.5"。如图 8-30所示为自动网格尺寸对话框。点击 OK 后网格将自动更新。

图 8-29 从网格树 w 弹出窗口菜单/选择自动网格

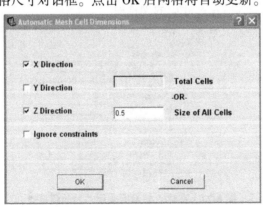

图 8-30 设置参数后的自动网格面板

截止目前,计算区域的设定已完成。进入几何体树并展开组件 1/子组件 1 分支,从下拉对话框中选择完成。几何体将从窗口消失,并被一个固体框替换。

在运行求解器之前需要完成的另一项任务是设置边界条件,从而指定 FLOW-3D 如何填充模型。

流体从浇筑口进入。这便是网格块 1 的 Z 最大边界。何种类型的边界条件能代表重力倾倒?

仔细检查可用边界类型,仅可通过规定速度和规定压力设置合金进入网格的边界条件。是否应该使用规定速度? 在倾倒过程中,随物质从浇筑口下落速度开始向上升,随后变为倾倒高度和浇筑口及基底几何体的方程。预先确定浇筑口入口的速度可能是非常困难的。

指定压力边界可规定一个确定的滞止压力。这代表流体进入浇筑口,犹如进口与位于特定高度的流体库相连。图 8-31 展示了倾倒盆、浇筑口和一段滑道的示意图。

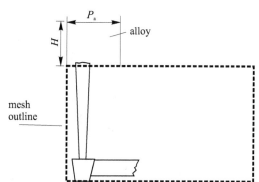

此处存在两种可能性:

(1)可设置滞止压力为一个常数,这代表浇筑口与处于固定高度的较大倾倒盆相连。

(2)可设置滞止压力随时间变化,这代表倾倒盆内的流体高度下降。这里最初的假设是压力线性变化,代表了流体高度随时间线性变化。

图 8-31   网格轮廓显示的倾倒盆、浇筑口和一段滑道的示意图

首先使用恒定的滞止压力。

从图 8-31,块 1 网格进口的滞止压力 P_1 可按下式计算:

$$P_1 = P_a + \rho g H$$

式中,P_a 为大气压力;ρ 为液态合金密度;H 为倾倒盆内合金深度;g 为重力加速度。

假设倾倒高度为 7.5 cm(约 3 in)。同时假设在相对表压下工作,因此 $P_a = 0.0$,则 P_1 为 18 375(CGS 单位)。

为设定此边界条件,在模型设置栏标下选择边界栏标,展开网格边界树,块 1 分支,然后点击 Z Max 按钮。

图 8-32 表示的是块 1[Z Max 边界]对话框。从边界类型组框选择规定压力按钮,之后,在压力框内输入"18375"。设置倾倒温度。点击热性能信息按钮,在温度对话框内输入值"627"(铝的熔点),然后点击 OK。注意没有任何性质的通量穿过网格块。因此,这些侧的边界条件只需保持为默认状态,亦即对称边界条件。在 Z Max 边界对话框点击 OK。

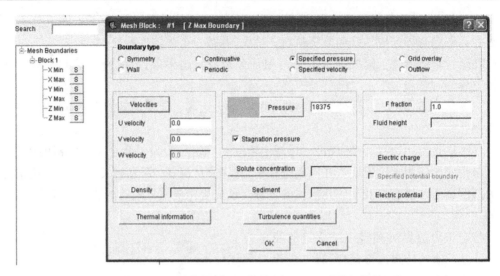

图 8-32　网格边界树和网格块 1[Z Max 边界]对话框

已经准备好运行求解器。选择模型设置/完成按钮,然后点击模拟按钮,求解器窗口将出现。将看到沿窗口底部出现的信息。窗口左侧中心部分显示已有的诊断曲线。按钮顶行显示了一些执行过程中的有用信息和命令。图 8-33 显示了带注解的求解器窗口。

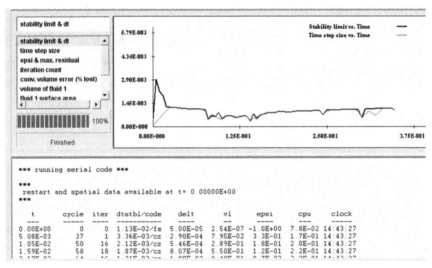

图 8-33　模拟过程中的求解器窗口

从窗口左侧列表框选择固体部分,将看到固体部分维持在低处。在浇筑过程中合金不会凝固。

从窗口左侧列表框选择平均动能,将看到平均动能向上达到顶点后再下降。这是浇筑过程中流体总量的平均动能。它随着流体从浇筑口下降而增加,并随后随流体进入浇筑后减慢而下降。当其发现没有空网格时,模拟便终止。

在结果对话框中选择分析栏标并选择自定义单选按钮,来查看一下结果。选择 flsgrf.

h2 文件。如图 8-34 所示,点击 OK。

下一步出现分析面板,此面板是从结果导出数据的中心法。

面板围绕顶部按钮布置:典型、调查、1D、2D、流线、文本输出以及中性文件。为 2D 问题显示的默认栏标为 2D 栏标。

查看压力的分析面板。点击在面板底部的渲染按钮。随着后处理器提取结果,会有一个短暂延迟。将看到一张空洞和模具的图。模具呈灰色,空洞为演示的背景色。通过重复点击下一个按钮(右上角)将点过图片列表,并看到流体如何进入浇筑。

来看另一个变量。选择分析栏标,从等高图变量下拉框选择温度,然后在面板底部点击渲染按钮。可点过图片列表(再次使用

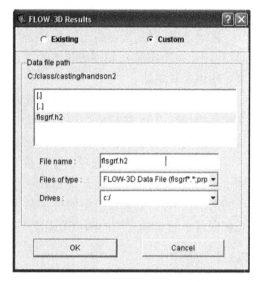

图 8-34　选择了典型的结果对话框

下一个按钮),并看到加注过程中随着流体流进模具,温度如何变化。图 8-35 展示了在 $t = 0.347$ s 时铝的温度着色图。

注意铝的温度并没有变化很多。铝的倾倒温度很接近固态温度。铝在从糊状区域冷却时必然失去了大量热量。由于此浇筑在大约 0.347 s 完成,故在浇筑过程中没有足够时间损失大量热量。

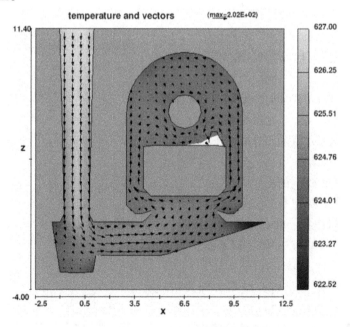

图 8-35　在 0.347 s 时以温度着色的流体

另外有意义的变量是表面缺陷密度。这是对流体表面氧化物的相对量度。FLOW-

3D 追踪氧化物浓度的增长和移动。

再次选择分析,从等高图变量下拉框中选择表面缺陷密度,点击渲染按钮然后浏览图形(使用下一个按钮),观察氧化物的增长和移动。氧化物的最终停留处即为预期找到的氧化物相关缺陷处。

浓度是相对的,展示了在模拟中相对其他位置和时间的氧化物浓度。除非经过大量实验和使用经验值,浓度值与现实世界中浓度不相关。大多数情况下,仅仅知道哪里浓度最高(相对其他位置)足够帮助你解决关于竖管、门及其他的问题。

尝试在 2D 栏标下的选项。注意模具空洞有一些黑点,其出现预示其并未满。这是两个因素的结果,第一个因素是充填率时间条件仅仅检查了存在的空网格,而不是部分充满的网格。因此,如果没有空网格存在,则模拟可能在部分充满网格处结束。第二个因素是在任何小于 50% 充满的网格处温度图自动为"空白"。

8.2.4　变化

尝试一个边界条件的变化。首先从工程菜单选择保存以保存最终改变。然后选择工程/存储为,然后以文件名为 prepin.h2a 保存。

假设盆内高度并非一直保持在 7.5 cm。高度随时间线性降低至 1 cm。为模拟此过程,需要在边界中将滞止压力由常量改变为与时间相关。假设这发生在 0.5 s 内。在 0.5 s 以后,高度恒定为 1 cm。压力将从 18 375 开始并在 0.5 s 降至 2 450。

选择模型设置栏标,选择边界栏标,展开至网格边界/块 1。点击 Z Max 按钮,然后点击压力按钮,时间编辑表格对话框将出现。通过点击检查框激活随时间变化的压力。从第 1 行开始,在表格中输入如下数据。

在时间(行 1)输入"0.0"并在压力(行 1)中输入"18 375",这是开始时间。在时间(行 2)输入"0.0"并在压力(行 2)中输入"2 450"。

对于大于 0.5 s 的时间,FLOW-3D 将自动使用表格中最后的输入值。在每个网格输入数字,尤其是最后一个压力值后点击回车。图 8-36 为完成后的时间编辑表格。

当完成后点击 OK 按钮。

从工程菜单选择保存→选择模型设置→完成栏标,重新运行模拟。然后点击模拟按钮。

浇筑时间为 0.36 s,这相比恒定滞止压力边界慢约 6%。

选择分析栏标,点击打开结果文件按钮(面板底部),选择文件 flsgrf.h2a。

查看等高图变量温度和表面缺陷密度,将发现模拟与之前几乎一样。

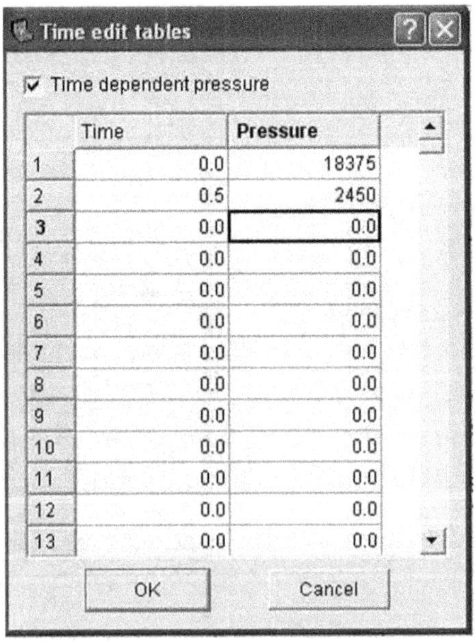

	Time	Pressure
1	0.0	18375
2	0.5	2450
3	0.0	0.0
4	0.0	0.0
5	0.0	0.0
6	0.0	0.0
7	0.0	0.0
8	0.0	0.0
9	0.0	0.0
10	0.0	0.0
11	0.0	0.0
12	0.0	0.0
13	0.0	0.0

Time edit tables — ☑ Time dependent pressure — OK　Cancel

图 8-36　完成输入的边界时变压力

8.2.5 结果对比

可以对两种不同模拟的结果直接进行对比。如果仍未在结果面板加载 flsgrf.h2a 文件,则去完成。

选择表面缺陷密度,点击渲染按钮。将这些图形保存在一个新的图形文件中,选择文件/创建。

在对话框中输入一个文件名为 surfdefth2a.plt。扩展名.plt 很容易寻找,然后点击写入按钮。

选择分析栏标,选择典型单选按钮,然后选择 flsgrf.h2,点击打开结果文件按钮。随后选择表面缺陷密度等高变化图,点击渲染按钮。

从加载的常量滞止压力获得了等高图。下一步,点击文件按钮,选择打开/添加。出现一个 flsplt 文件的列表对话框。依靠改变筛选 plt ∗.∗ 文件可快速选择已保存的文件。选择 surfdefth2a.ptl 并点击打开按钮。这个文件中的图形列于 flsgrf.h2 文件图形之后。

通过快速点击向后和向前对它们进行对比,或者通过从下拉框中选择多个来改变图形模式,同时并排地对比它们。然后选择 2 张图,同时确保匹配。图形并排地展示。最多可从屏幕一次看 4 张图。选择顺序很重要,每一个新选择从右下角进入。

尽量多地检查这些图形。在滑道完成加注以及浇筑最后加注位置有些许不同。浇筑对于边界条件的变化及总体上的加注来说太小了。

8.3　练习 3

8.3.1　问题描述

本问题的目的是模拟水通过开槽的薄壁堰从水库流入下面的水池。在此节中,使用对称性,且仅对一半堰建模,以便模拟可以运行更快,如图 8-37 所示。

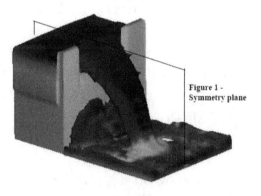

Figure 1 -
Symmetry plane

图 8-37

8.3.2　目标

学习如何基于 8.2 节的材料开始和运行示例。

(1)应用合适的边界条件;

(2)规定一个合适的网格区域;

(3)使用一个单一块网格;

(4)建立一个潜逃网格;

(5)检查网格密度、不同区域和边界条件的影响。

8.3.3　问题类型

设计一个模拟的第一步是理解将要建模的问题。应用流体力学的知识,获得关于哪个参数重要、如何简化问题、水流可能如何以及预期何种类型的结果的大致想法。

确定水流类型,例如黏性、表面张力和能量的常规方法是计算无量纲参数,例如雷诺数、邦德数和韦伯数。

Re = 雷诺数 = 惯性力/黏性力 = $\rho LU/\mu$

Bo = 邦德数 = 重力/表秒张力 = $g\rho L^2/\sigma$

We = 韦伯数 = 惯性力/表面张力 = $\rho LU^2/\sigma$

式中:U 为特征速度;L 为特征长度;g 为重力加速度;ρ 为密度;σ 为表面张力系数;而 μ 未动黏性系数。

在此问题中,流体从 18 cm 高处流过堰体。可近似通过自由落体分析计算水在堰底的速度:

速度 = sqrt(2×980×18) = 187.8(cm/s)

该水流的雷诺数则为:

Re = 30 cm×187.8 cm/s÷10^{-2} cm²/s = $5.6×10^5$

较大的雷诺数表明,相比惯性力、黏性力可忽略。因此,无需细化网格来分解壁面黏性剪切层。然而,由于流体的紊流性,在流体内部将会有许多黏性剪切力起作用,所以需要在模型中指定黏性参数。

邦德数可通过下式计算:

Bo = 980 cm/s²×1 gm/cc×30 cm÷73 gm/s² = $1.2×10^4$

韦伯数通过下式计算:

We = 30 cm×187.8 cm/s,通过下式 1 gm/cc÷73 gm/s² = $1.45×10^4$

再次,较大的邦德数和韦伯数值表明相比重力和惯性力,表面张力可忽略,对问题建模时不需要考虑表面张力。

利用平面穿过堰中心并沿着水流时水流对称特性(如图 8-37 所示),可以缩小问题的尺寸。因此,仅需要模拟整个区域的任一部分(例如堰的后半部分),即可获得需要的有关水流的信息。已经对问题进行了简化,下面是如何建立这些条件,如何确定几何条件,利用 FLOW-3D 求解问题。

8.3.4　启动

启动 FLOW-3D 并打开位于 Class/Hydraulics/HandsOn2 的工程文件 prepin.weir。此文件已设置了一系列选项,将以一个简单问题开始并逐渐增加难度。

选择模型设置/全局栏标。此面板提供的不同选项将用于设置问题。

8.3.5　设置全局参数

此表格提供以下选项:可指定完成时间、关于问题的信息(说明部分)以及需要模拟的流体流模型类别。

如果并未设置完成时间为 1.0 s,则修改为该时间(对于此问题,希望看到在 1.0 s 以后的某个时间达到的准恒定状态条件)。对于运行时间的问题,可能运行该模拟稍长时间,考虑方便,将限制此次运行的时间。

其他设置将默认为合适的值,包括以下内容。

(1)界面追踪:此选项允许 FLOW-3D 求解器精确地追踪水和空隙间的界面,而且保持界面明显及清晰。

(2)流体数量:此次只模拟一种流体。将最初充填罐体的空气按空隙对待,亦即在空气中不计算速度。只要空气中速度和相应的压力变化较小,则此假设便是有效的。由于此处气体仅在界面处移动,所以其速度(以及压力梯度)将较小。

(3)流体模型:当模拟液体时,通常选择不可压缩。

在全局面板底部找到说明部分。其第一行是问题标题,一经输入将出现在所有输出文件及图形上。

8.3.6　物理模型选择

基于对不同无量纲系数和它们对此问题影响的讨论,在此问题中需要确定考虑黏性并可以忽略表面张力。由于液体未按滑过堰壁考虑,将使用壁剪力模型,以确保在堰壁表面存在一个无滑移边界条件。切记此为重力场液体流。同时,此特定问题并未考虑任何温度效应。

选择模型设置/物理栏标,点击黏性和紊流按钮,并在黏性选项下选择牛顿黏度。注意已核对了黏性和紊流,表明本次运行启动了黏性平均值(为方便,取层流黏度)。在黏性和紊流对话框下的壁剪边界条件组框中,选择无滑动,点击 OK。

点击重力按钮并在 Z 方向设置"-980(cm/s^2)"。注意,由于在参照系中的重力向量将指向下(-Z),所以重力为被动的。点击 OK 按钮。

8.3.7　设置液体特性

这是提供关于在问题中模拟何种液体的位置。此问题中,液体是水。需要指定的特性为密度和黏性(记住因可忽略影响的原因,不考虑表面张力)。可以依靠展开特性树并输入数值或者在液体数据库内加载特性的方式设置这些参数。在此问题中要考虑在标准大气压下的水并加载水的特性为 20 ℃。

选择模型设置/液体栏标。从液体数据库按钮材料名称列表中选择 20 ℃ 的水。将在 CGS 单位下加载水的特性为 20 ℃。

标亮 20 ℃ 的水/CGS(注意单位列于右侧)并点击加载液体 1 按钮。在转换单位窗口选择 CGS 单位并点击 OK 按钮。然后在 FLOW-3D 信息窗提示"设置液体/固体单位至 CGS"的位置点击 OK 按钮。

已指定 1#液体的黏性和密度,可通过展开特性树的黏性和密度分支来验证。

8.3.8　定义网格

　　建立一个模拟首先需考虑的一个问题是定义计算网格。网格尺寸完全取决于问题的区域尺寸。因为区域尺寸影响求解、运行时间以及问题的精度,所以应小心选择。如果此项工作并未完成,应帮助使用者大致做一个示意图。

　　此问题中,需要定义的区域包括堰后、在堰前流动的液体以及堰体本身。应谨慎,以便将区域定义的太短,如图 8-38、图 8-39 所示。在图 8-38 中,定义区域仅包含了堰体上游很短一部分。上游较短,由于靠近堰体的元素的突然加速,在求解时可能不稳定。在图 8-39 中,定义区域仅包含了堰体下游很短一部分。下游较短,由于边界条件将影响水流,也可能在求解时失稳。同时,也不应将区域定义过大,这将增加问题尺寸以及计算时间。

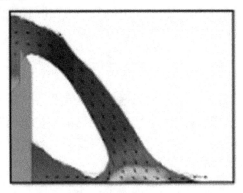

图 8-38　含较短上游的区域

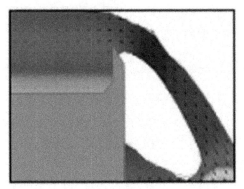

图 8-39　含较短下游的区域

　　返回定义网格,记住 FLOW-3D 可利用结构性的计算网格。这些网格亦或是矩形或圆柱形,并且包含整个网格块几何体。由于计算时间随网格尺寸增加而成比例增加,应尽量缩小无用的区域部分。可利用多个网格块帮助缩小网格的无用部分(例如,考虑如何利用 3 个网格块代替 1 个网格来缩小网格尺寸。)

　　选择模型设置/网格 & 几何体栏标。将从一个稍粗的单块网格。随后在兴趣区嵌套一个更细化的块。设置一个网格区域−10<X<20,0<Y<10 和 0<Z<18。注意已经假设对称性并仅模拟堰体一半,从而使问题运行迅速。而实际中,可能使用一个更大的区域。

　　在几何体树下面靠左,展开网格−笛卡儿/块 1 分支,然后展开 X、Y 和 Z 方向分支。通过设置 Fixed Pt.(1) 为"−10",同时 Fixed Pt.(2) 为"20"来设置 X 方向区域界限。设置总网格数为"30",从而在 X 方向使用 30 个网格。

　　通过设置 Fixed Pt.(1) 为"0",同时 Fixed Pt.(2) 为"18"设置 Z 方向区域界限。设置总网格数为"18"。一旦网格设定,网格树将如图 8-40 所示。

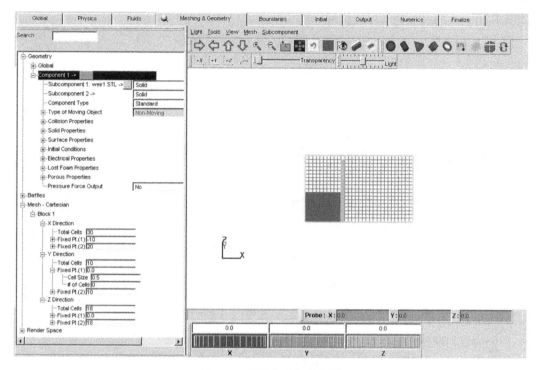

图 8-40　网格和几何体面板

在网格建立过程中的任何时间,可以通过选择网格/浏览模式/所有来查看网格。

8.3.9　设置边界条件

对区域的所有侧设置边界条件。依靠默认选择将所有边界指定为对称边界条件,即没有任何性质的通量穿过边界且不考虑剪切力(试想一下如果不指定任何边界条件,将求解何种模型)。

对本问题,设置左侧和右侧边界(X Min 和 X Max)为静水压力边界。因为模拟一个较大水库的存在,必须在那些边界保持流量深度恒定。图 8-41 和图 8-42 提供了一个更佳的静水边界条件作用方式的图片。图 8-41 展示了区域右侧的静水边界条件,设置其液面高度高于区域内部液面,水流流入区域。图 8-42 表示了右侧边界的静水边界条件,其液面高度低于区域内液面高度,所以水流向区域以外。

尽管表面并不对称(其本质上仅为一个自由滑动的不透水表面),仍设置后边界(Y Max)为对称边界。如果后边界距离堰流足够远,则不会影响槽中水流。

选择顶部边界(Z Max)为默认类型,即对称的。由于该边界不与水流发生作用,所以其不重要,仅接受默认值。

选择底边界(Z Min)为默认类型。在模型设置面板选择边界栏标,展开网格边界树的块 1 分支。点击 X Min 按钮,为该边界选择给定压力单选按钮,设定液体高度为"15.5",点击 OK,关闭 X Min 边界面板。液面在这个边界将保持在 15.5 cm 的高度,并有静水压力。水通过此边界进入区域。

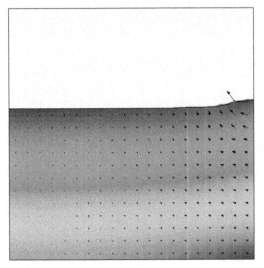

图 8-41　液体流入区域

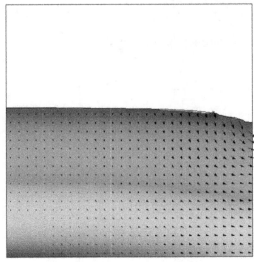

图 8-42　液体流出区域

因为仅对堰体后部建模,前边界(Y Min)为对称的。

点击 X Max 按钮并为该边界选择给定压力单选按钮,设置液面高度为"1.7",设定 F 部分框的值为"0.0"(此操作防止液体从此边界进入网格),点击 OK 按钮关闭 X Max 边界面板。

此边界将保持静水压力,水流高度保持在 1.7 cm。因为液体部分已设置为 0,水可能跨过此边界进入区域,但其可能自由地流出,如图 8-43、图 8-44 所示。

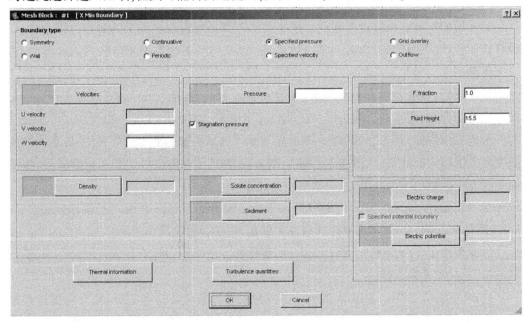

图 8-43　网格块 1,X Min 边界

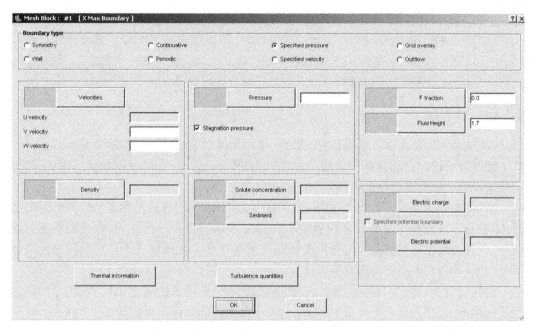

图 8-44　网格块 1, X Max 边界

8.3.10　激活静水压力

由于希望左侧和右侧边界具有静水压力,必须激活此选项以确保边界条件正确设置。

选择模型设置/初始化栏标。注意创建时网格已经包含一些初始液体区域,选定这些区域,以便流场结构可以更快地达到稳定状态。

在初始应力场下,选择 Z 方向静水压力按钮,将网格中所有初始液体初始化至静水压力状态,同时指定垂直压力边界为静水压力边界。

问题完成设置,从顶部菜单选择工程/保存来保存工程。

8.3.11　检查设置

建议查看问题设置并确保几何体和初始条件的设置正确。在模型开发的早期而不是在后期解决模型问题永远有利。

选择模型设置/完成栏标。点击预览按钮以在预览模型中运行预处理。当预览完成,检查网格和边界条件设置。为检查网格,选择分析栏标然后选择退出按钮,选择文件 prpplt.weir,点击 OK 并查看网格图形。

检查边界条件,可从顶部菜单点击诊断单选按钮,然后选择预处理报告。边界条件类型将显示在边界汇总从顶部向下约一半的位置。

必要时可进行改变,通过从顶部选择工程/保存,然后运行预览并再次检查。

8.3.12　运行求解器

通过选择模型设置/完成来运行求解器。FLOW-3D 求解器窗口提供与求解器处理问题效果相关的信息,对求解器和其产生的信息将在后面更详细地探讨。

点击模拟按钮来运行问题。当预处理完成时,将出现求解器窗口。求解器窗口将列出一些可绘图的数值,这些取决于问题使用的选项。如运行此问题至准稳定态,则在运行结束时平均动能和液体体积应相对恒定。此问题应运行约 2 min。

8.3.13 查看结果

FLOW-3D 产生大量与问题有关的数据,了解如何检索相关数据非常重要。

选择分析栏标并选择典型单选按钮,然后选择 flsgrf.weir 文件。在此运行中,一些选定数据将以比标准重启数据更频繁的间隔来保存。

查看 2D 在 X-Z 平面 Y 坐标最小处(可能穿过堰体中间,靠近对称面)速度放大图,选择 2D 栏标。在选择 X-Z 平面并设置最小和最大 Y 滑块至最小值之前,将绘图数据源设置为已选定,然后点击渲染。可选择动画选项来查看水流发展情况。注意当网格内液体部分低于一半时,该网格将不显示液体。

如需浏览 3D 图,则从数据源使用选定数据选项来查看水的最终 3D 分布图。为同时查看堰体和水,在面板右下部分 Iso 表面选项下部选择固体体积单选按钮。

在本问题中,力作用在不同表面或区域内特定点的液面高度均需给予关注。有关这些物理量的信息并非默认产生,需要对输入文件进行修正以生成这些数据。然而,本练习中修正已经完成。所以,需搞清如何查看上述数据。

选择分析栏标,点击打开结果文件并选择典型单选按钮,然后选择 flsgrf.weir 文件,点击 OK 按钮。选择探索栏标然后选择总体历史单选按钮。下拉选择 Z 力量窗口 1,然后选择图形化单选按钮。将看到 Z 方向水流冲击地面处的力的大小。

类似的,选择并查看与本问题相关的其他参数。

8.3.14 变化

8.3.14.1 嵌入一个嵌套网格

此变化的目的是认识并不需要通过细化整个网格来增加解的精度。通过识别加速度大、梯度大的水流部分,使用嵌套网格细化这些区域,可以显著地改进解的精度。

在本例中,水从堰体上流过时,靠近堰体及在地面散开的液体将承受巨大的加速度。在这些位置布置嵌套网格可更好地分析问题。为缩短计算时间并查看使用嵌套网格的效果,只定义一个嵌套网格,如图 8-45 所示。

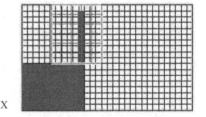

图 8-45 嵌入嵌套网格块

8.3.14.2 定义一个嵌套网格

选择模型设置/网格 & 几何体栏标,嵌套第二个网格块,以便更好地分析水流从堰体上流过。此运行中,第二个块的范围将为−3<X<3,0<Y<5 和 8<Z<18。已经选择了一个区域及分辨率,所以该问题可更快地运算。在实际中,可能需要用到一个更精细化的网格。也有人希望增加更精细的分辨率,以便更好地捕获泄水池底部的薄液层。

从网格菜单选择创建。可使用鼠标来创建网格块。然而,可以使用鼠标在6个平面视图中的1个(X-Y正视或逆视,Y-Z正视或逆视,X-Z正视或逆视)中创建网格。本例中选择+Y平面。

为创建网格,点击并按住鼠标,拖动鼠标直至需选定区域,如图8-45所示,然后松开鼠标。FLOW-3D将询问在网格块内需要网格的数量,选择默认则在创建的网格块内有1 000个网格。当前选择默认。

在创建模式中编辑后,可以通过旋转几何体和网格块查看已完成的修正。如图8-45所示,网格块不够精细,包含了不必要的几何体,因此在随后步骤中进行修正。

在几何体树下,展开网格–笛卡儿/块2分支,并打开X、Y和Z方向树。

通过设置Fixed Pt.(1)为"−3"和Fixed Pt.(2)为"3"来设置X方向的范围,设定网格总数为"12";通过设置Fixed Pt.(1)为"0"和Fixed Pt.(2)为"5"来设置Y方向的范围,设置网格总数为"10";通过设置Fixed Pt.(1)为"8"和Fixed Pt.(2)为"18"来设置Z方向的范围,设置网格总数为"20"。当完成网格设置,应如图8-46所示。

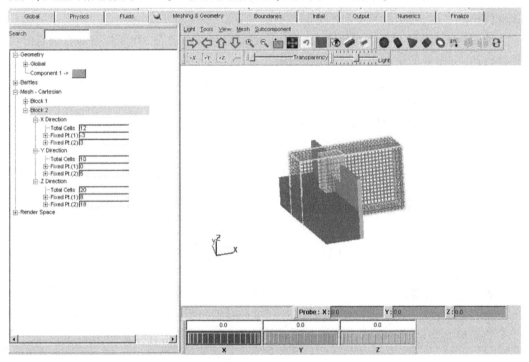

图8-46 块2带信息的网格 & 几何体面板

8.3.14.3 定义嵌套网格边界条件

对一个嵌套网格,FLOW-3D将从其所含网格的侧边选取正确的边界条件。指定左侧和右侧(X Min和X Max),底部和顶部(Z Min和Z Max)以及后部(Y Max)的边界条件。将前边界(Y Min)选定为默认类型(对称平面),并应用于其包含网格。

通过选择全局栏标编辑标题。在说明部分的第一行的标题上添加"嵌套网格"。

从工程菜单点击保存为,并以一个新名字保存工程。将文件命名为prepin.weir2,然后点击 OK 并关闭面板。

8.3.14.4 检查设置

从完成栏标点击预览并运行预处理。预览完成后,检查网格和边界条件设置。为检查网格,选择分析栏标,点击打开结果按钮,选择已有单选按钮,选择文件 prpplt.weir2,然后点击 OK 并查看网格图。

为检查边界条件,在 FLOW-3D 主菜单点击诊断,然后选择预处理结果。在边界汇总大约中部位置可看到边界条件类型。

当设置满足要求时,点击模拟来运行此问题。它可能耗时 10 min。

当模拟完成时,可通过选择分析栏标,点击打开结果按钮,并选择典型单选按钮来查看结果。然后选择文件 flsgrf.weir2,可在 2D 和 3D 视图中浏览多个块。

查看在 X-Z 平面 Y 坐标最小值处的 2D 图形(在对称面处)。首先,在 2D 面板底部靠右处点击网格块按钮。突出显示块 1 和块 2,并点击 OK。设置数据源为已选定,然后选择 X-Z 平面并设定滑块的最小和最大至最小值。然后点击渲染按钮。可看到相比无嵌套网格的水流,现状水流在初始时间段更加稳定。

使用 3D 选项来查看水的最终 3D 架构。选择分析按钮。在 3D 面板底部右侧点击网格块按钮,突出显示块 1 和块 2,并点击 OK。

在 Iso 表面选项下选择固体体积单选按钮,查看堰体和水。

8.3.14.5 延伸网格的长度

这个变化是查看通过改变区域来影响求解的一个练习。在 X 方向,堰的下游侧延伸网格,查看是否因边界太近影响结果。

选择模型设置/网格 & 几何体栏标,展开网格–笛卡儿/块 1 分支,在 X 方向将 Fixed Pt.(2)的值改为"30",然后将总网格数改为"40"。X 区域将以 40 个网格在−10<X<30 间运行。右键点击块 1→并点击"更新网格"→点击全局栏标,在说明部分的第一行标题处添加"延伸 X"。

将工程以新名称保存。在工程菜单选择保存为,将文件命名为 prepin.weirLong,点击保存并关闭面板。

8.3.14.6 运行求解器

选择完成栏标,点击模拟以运行此问题,运行时间为 3 min。

当模拟完成,点击分析并选择典型单选按钮查看结果。然后选择文件 flsgrf.weirLong。

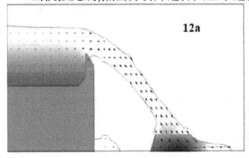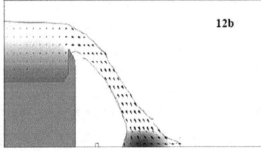

图 8-47 延伸下游边界(X Max)的影响

查看 X-Z 平面的 Y 坐标最小处(在对称面)的 2D 图形。

首先,点击在 2D 面板的底部右侧的网格块按钮,突出显示块 1 和块 2,然后点击 OK。将数据源设置为已选定,然后选择 X-Z 平面并设置 Y 滑块的最大和最小至最小值。然后点击渲染。

查看水的最终 3D 结构。点击 3D 面板底部右侧的网格块按钮,突出显示块 1 和 2 然后点击 OK,在面板左侧底部 Iso 表面选项下选择固体体积单选按钮,以便查看堰体。

在本运行中,当水撞击水尺底部时将喷射更多,导致在射流下游出现一薄层水。在前一个运行中,静水压力边界影响水流,抑制了水从网格中流出。

8.3.14.7　使用下游流出边界

在堰下游使用流出边界条件而不是固定静水压力。

打开工程文件 prepin.weir2,选择模型设置栏标。修改下游边界,在模型设置面板中选择边界栏标,对块 1 点击 X Max 按钮并选择边界类型为流出,点击 OK。

点击全局栏标,在说明部分第一行的标题中添加"流出"。从工程菜单点击保存为,将文件命名为 prepin.weirOutflow,然后点击保存并关闭面板。点击模拟按钮来运行求解器。当模拟完成,查看结果,选择分析栏标,点击打开结果文件按钮并选择典型,然后选择文件 flsgrf.weirOutflow。

查看在 X-Z 平面 Y 坐标最小处(在对称平面)2D 图形。首先,在 2D 面板底部右侧点击网格块按钮,突出显示块 1 和块 2 然后点击 OK,将图形数据源设置为选定,然后选择 X-Z 平面并设置 Y 滑块最小和最大至最小值,点击渲染按钮。

注意本次运行中,在波浪第一次撞击下游边界后,水的表现不同。在前一次运行中,静水压力边界条件仅在下游边界外施加了静水压力。流出的边界条件,为辐射边界,可使水波在网格内压力分布影响轻微的情况下穿过网格。此类边界条件将水波反射入网格最小化。这是一个随着波浪穿过水的瞬态过程更真实的边界条件,尤其是边界靠近堰流时。

另一种流出边界类型是连续的边界条件,对所有穿过边界的流量应用零正常梯度。因此,连续边界条件仅适用与稳定流的"远场"边界条件。图 8-48 展示了应用静水压力边界和流出边界在大约 0.3 s(随着第一个波浪退出网格)的 3D 压力结果。

8.3.14.8　对称性考虑

此问题中已经假设通过堰体中心对称,可能不是一个坏的假设。然而,如果利用对称性则必须认真确定该问题是真正对称的。对许多问题,一些液体的不稳定触发不对称。例如,图 8-49 展示了流量通过圆柱体。在雷诺数较小时,流量通过圆柱体是对称的。然而,当雷诺数超过 60,产生不稳定并在圆柱体后面开始形成漩涡。

运行整个堰的问题。为所有网格块改变 Y-网格。在许多问题中,需要改变对称性平面边界条件。然而,在此问题中将在前侧边界(Y Min)使用自由-滑动不透水边界,类似在后边界(Y Max)所采用的。自由-滑动不透水边界本质上是一个对称平面,不需要更改 Y Min 边界。对于此问题,堰体已在正视和逆视 Y-空间定义,但对于其他问题,在转换对称性至整体分析时需核对几何体是否已经完全定义。整个问题应在 5 min 之内完成运行。

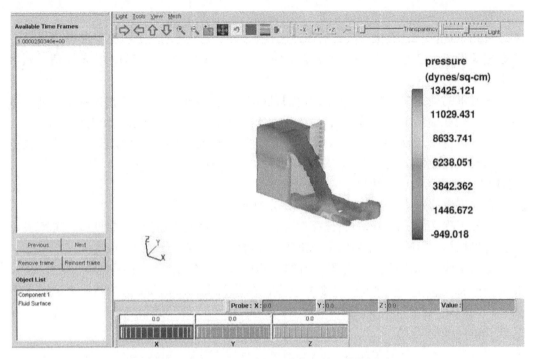

图 8-48　X-Z 平面逆视图液体流的三维视图

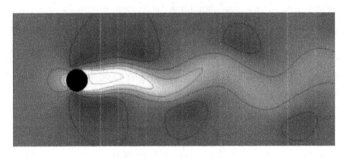

图 8-49　水流过圆柱体

　　打开工程文件 prepin.weir2,以新名称保存工程。在工程菜单点击保存为,将文件命名为 prepin.weirFull,然后点击保存。

　　选择网格 & 几何体/模型设置栏标,展开块 1 分支的 Y 方向。右键点击 Fixed Pt. (1),然后选择添加,输入"-10"。Y 方向的网格位置,然后点击添加。将在 Y = -10 添加一个新点。注意其他固定点应重新编号以使其顺序排列,Y 区域运行区间为 -10 ≤ Y ≤ 10。

　　展开块 2 分支的 Y 方向。右键点击 Fixed Pt.(1),然后选择添加。在 Y 方向网格位置输入"-10",然后点击添加。目前两个网格的 Y 区域的运行区间为 -10 ≤ Y ≤ 10,如图 8-50 所示。

　　通过点击全局栏标修改标题。在说明部分第一行标题中添加"full model"。

　　运行求解器,点击模拟按钮运行。当模拟完成,通过选择分析栏标查看结果。选择典型并选择文件 flsgrf.weirFull,点击网格块按钮,全选网格块,点击渲染按钮查看图形。

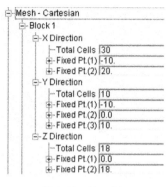

图 8-50 块 1 树

8.3.15 如时间允许的其他变化

(1)将 Y 区域变大;
(2)在水池底部 Z 方向使用更细的分辨率;
(3)修改或添加嵌套网格。

8.4 练习 4

8.4.1 问题描述及目标

在本练习中,将学习如何使用 STL 固体模型和 FLOW-3D 基元设置几何体。在本练习中导入几何体和运行模拟的程序。

8.4.2 导入 STL 几何文件

启动 FLOW-3D 并选择工程/打开,在 \ Class \ Aerospace \ Hands – On3 目录下打开 prepin.fill 文件。这个工程文件有一些列选项,包括物理模型、模拟时间以及其他已设定的数字选项。

对每一个模拟均需要指定几何体。在某些情况下,通过合理选择区域,避免对整个区域建模。例如,在罐体加注模拟例子中,罐体可能是精密设计的汽车机械结构上的一部分,但是仅针对罐体内部液体飞溅产生的力。因此,可能如模型一样,仅考虑球状罐体以及与之相连的进口。

下一步,学习如何使用 FLOW-3D 基元以及光固化(STL)固体模型设置几何体。对此模拟使用一个 STL 文件,包含关于一个连接三角形形式的固体模型的信息。

需要将 STL 文件导入工程。选择模型设置/网格 & 几何体栏标。下一步,从子组件菜单选择几何体文件,将出现对话框,选择添加,随后出现一个典型的文件选择框,选择 tank.stl 文件并点击打开。几何体文件对话框中显示 tank.stl 文件。如图 8-51 所示。

需要缩放这个 STL 文件,将单位从 SI 换为 CGS。意味着模型放大了 100 倍。点击转换按钮,出现对话框,在全局放大输入框中输入"100"。图 8-52 展示了在输入放大因子后的子组件类型对话框,注意将"固体"改变为

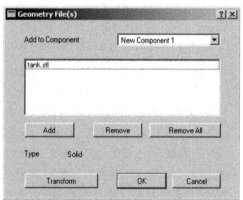

图 8-51 STL 文件选择后的几何体文件框

"补体"选项。如果这样作,FLOW-3D 可能演示一个固体对话框,所以将子组件保持为固体。点击 OK 完成添加子组件,然后在对话框点击 OK。

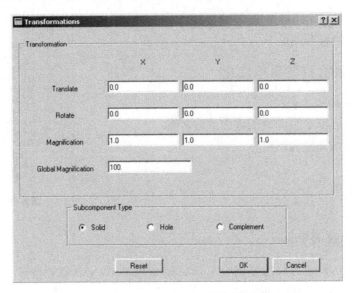

图 8-52　放大因数为 100 的转换对话框

　　在之前的课程中,确定了计算区域的尺寸及其分辨率。此处将使用相同的尺寸和分辨率,但是将其转换为与 CGS 尺寸相匹配。通过将之前的尺寸乘以 100,得到网格尺寸见表 8-2。

　　展开几何体树的网格–笛卡儿/块 1 分支,展开 X、Y 和 Z 方向,在 X、Y 和 Z 方向输入表 8-2 中的网格尺寸。

表 8-2　网格块 1 尺寸

X	495.0 ~ 1 505.0
Y	495.0 ~ 1 505.0
Z	5.0 ~ 1 505.0

　　同时,网格大小的单位需转换为与 CGS 系统匹配。右键点击块 1 并选择更新网格,再一次右键点击块 1 并选择自动网格,选择所有 3 个方向,并在所有网格尺寸编辑框中输入“60”,当完成后网格树将如图 8-53 所示。

　　在几何体内浏览网格,通过旋转目标或选择多平面视图,查看网格表示几何体的效果。从几何体树选择子组件,并从下拉框中选择补体,视图变为固体框。由于补体命令指示 FLOW-3D 用固体充填网格后减去 STL 文件的形状。为使罐体可视,必须使包围框为透明的。选择子组件(tank.stl),点击右键,然后从弹出菜单中选择属性/透明,

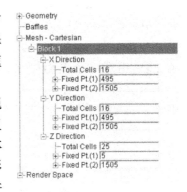

图 8-53　网格树

将滑动条设定在中间并点击 OK,固体变为透明,并在其内显示形状,如图 8-54、图 8-55 所示。

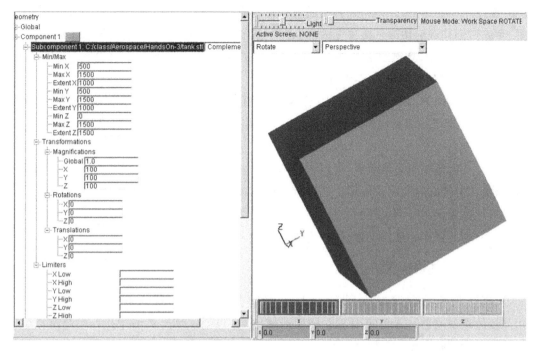

图 8-54　网格 & 几何体面板

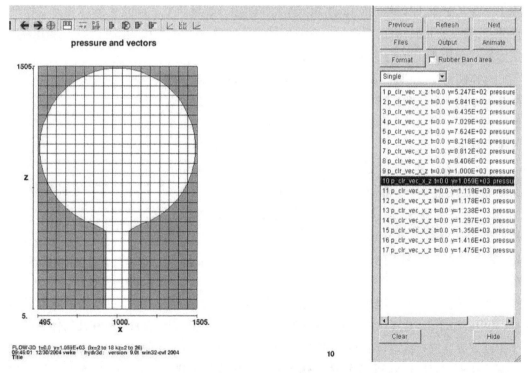

图 8-55　覆盖了网格的几何体的 2D 视图

至此已经定义了几何体和网格,通过预览查看网格处理几何体的效果。选择模型设置/完成栏标并点击预览。在预览最后,选择分析栏标→典型按钮,选择 prpgrf.fill 文件,并点击 OK。选择 2D 然后 X-Z 平面预览。查看网格检查框,设置 Y 极限滑块包含整个范围,这将为所有 Y 平面创建 X-Z 图形。

点击渲染则 FLOW-3D 将提供位于不同 Y 值的 X-Z 平面图列表。可以按照上述步骤在 Y-Z 和 X-Y 平面查看网格分辨率。如果对网格分辨率不满意,缩小网格尺寸并重复以上步骤。

一旦几何体被满意地求解,可以通过选择模型设置/完成栏标并点击模拟按钮运行模拟,需要几分钟的时间完成模拟。选择分析栏标→典型按钮并选择文件 flsgrf.fill,改变时间帧滑块控制,选择所有时间→点击渲染。使用下一步按钮跳过时间并查看在地球重力场下如何加注罐体。选择工程/保存来保存工程。

8.4.3 使用 FLOW-3D 基元

在下一个模拟中,创建一个直径 80 cm,顶部有圆柱形孔的罐体以使罐体加注时液体可从罐体顶部流出。或者使用 STL 模型或使用 FLOW-3D 基元来创建孔。在此模拟中,练习如何使用基元创建几何体。

已在组件 1 下子组件 1 创建球状罐体和圆柱形进口几何体,如果新几何体的特性区别于已有几何体,则新的几何体必须以新组件创建。如果两个不同几何体不相连或物理性分开,但具有相同特性,则应被包含在相同组件的独立子组件中。由于这里正建模的几何体是一个孔,所以在已有组件下定义一个独立的子组件。

选择模型设置/网格 & 几何体栏标。可以用几种方式创建一个在球状罐体顶部的孔。此处将通过在球状罐体中心放置半无限圆柱基元并定义其为一个孔。

从演示窗口菜单选择子组件/圆柱,将出现圆柱子组件对话框,输入"80"作为半径、"1 000"为 Z 低值,以及"1 510"为 Z 高值。从而创建了一个半径 80 cm,从 Z = 1 000 cm 开始,结束于 Z = 1 510 cm 的圆柱,如图 8-56 所示。

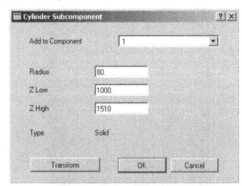

图 8-56　输入半径和 Z 坐标后的圆柱子组件对话框

选择转换来定义此组件为一个孔,选择孔单选按钮并点击 OK。创建从罐体偏移圆柱,其中心位于 X = 0,Y = 0,同时罐体的中心位于 X = 1 000,Y = 1 000。可在几何体树展开子组件 2 分支进行修改,然后展开转换/平移分支。为 X 和 Y 平移输入"1 000"。可以看到圆柱移动,并且最终居中于罐体。输入平移后的详细的进程树应如图 8-57 所示,创建新子组件的过程至此结束。

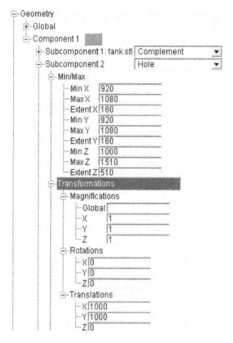

图 8-57 为圆柱输入平移后的子组件树

8.4.4 边界条件

由于已经在顶边界创建了孔,为反映真实条件,顶边界的边界条件不得不改变之前的模拟。在前一个模拟中,顶边界被关闭了,所以那里的任何边界条件已被忽略。但在这个模拟中,由于孔的出现,有一束流体通量越过边界。由于这个孔很有可能代表一个通风孔,应用一个常压力代表大气压力通过此孔。

在模型设置/边界栏标下,展开网格边界树的块 1 分支,点击 Z 最大,选择给定压力,并输入"$1.013×10^6$"(CGS 单位的大气压值)为压力。为液体部分输入"0.0",点击 OK。

由于在罐体上已创建了一个孔,希望这个模拟运行时间较加注罐体更长。则需要增加完成时间。选择模型设置/全局栏标→完成时间单选按钮,输入完成时间为"120"。

通过包含罐体上孔的出现来修改输入文件的标题,点击工程/保存为,然后将输入文件保存为 prepin.tankwithvent,点击保存。

选择模型设置/完成栏标并点击预览来运行预处理。为查看网格分解罐体顶部的新孔效果,打开 prpgrf.tankwithvent 文件并查看 X-Z 平面不同 Y 位置的 2D 图。

点击诊断并选择预处理报告,将打开一个包含与此问题相关数据的文件。注意其显示了边界所有敞开区域的列表,如图 8-58 所示。在使用者并不了解几何体完整信息时,此信息在模拟中较重要。

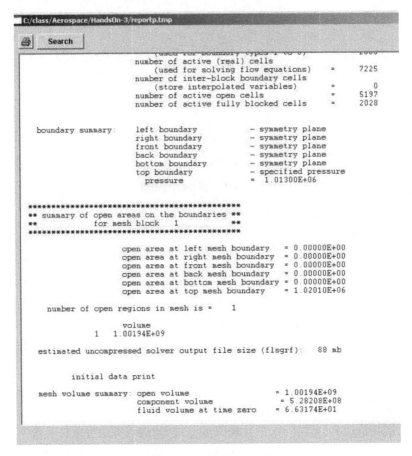

图 8-58　预处理报告文件

为运行模拟,选择模型设置/完成栏标并点击模拟。

8.4.5　结果

FLOW-3D 生成许多与一个问题相关的数据,了解如何搜索很重要。选择分析栏标→典型单选按钮,然后选择 flsgrf.tankwithvent 文件→选择 3D 栏标,保持选项为默认,然后点击渲染。在演示窗口点击下一个按钮,查看罐体加注并达到一个稳定状态。

在本问题中,非常关注通过球状罐体进口和出口的流速和任何特定位置的液体(例如在进口)。关于这些物理数值的信息并不是默认产生,需要对导入文件进行编辑。本课程中,此修改已完成,需了解如何查看以上数据。

8.4.5.1　流速

选择分析栏标→探索栏标,点击网格生成历史按钮,下滚数据变化窗口,并选择底边界液体 1 的体积流速。在输出表格下选择图形的,结果对话框应看起来如图 8-59 所示,点击渲染来查看通过球状罐体进口的流速。

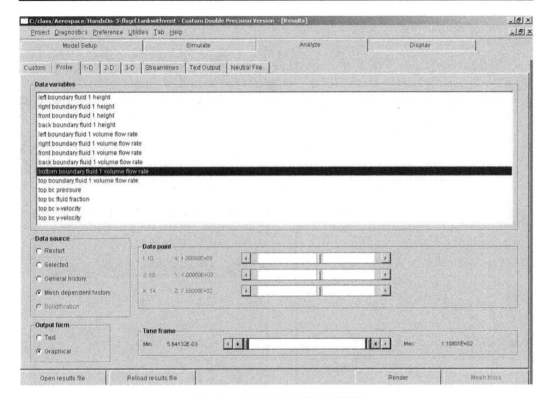

图 8-59　在分析面板下的探索栏标

8.4.5.2　液体高度

在探索窗口内,数据源下选择已选定。选择液体部分并点击渲染,将打开进口横断面中心某点的液体高度随时间变化的历史图形。

8.5　练习 5

8.5.1　问题描述

一次重力倾倒浇筑模拟的基础是倾倒盆、浇筑口和一部分滑道。在倾倒过程中,液体流过浇筑口然后进入盆状几何体。在本模拟中要考虑两个变量,即液体流过模具的温度变化和最终氧化物浓度的增长和移动的表面缺陷密度。

翻译成 FLOW-3D 术语,本问题为一个自由表面、一种流体、无压流,使用物理模型,例如凝固、热传导、重力、缺陷追踪和紊流的模拟。

8.5.2　目标

在本练习中,将学习如何在工程文件中创建几何体,如何导入 STL 文件以及使用FLOW-3D 基元。也将检查网格如何影响几何体并学习更多处理数据的方式。

由工程文件 prepin.h3 开始,此文件包含已设定的物理模型和
网格。

启动 FLOW-3D,从顶部菜单工程/打开加载工程文件 casting/
handson3/prepin.h3→加载第一个空腔。创建模型的第一步是加载
STL 文件,选择模型设置/网格 & 几何体栏标以开始此过程。

添加的第一个物体是基于 STL 文件的子组件,需从演示窗口菜单
选择子组件/几何体文件,如图 8-60、图 8-61 所示。

点击添加,则出现几何体文件对话框,选择 prue2.stl 并点击打开
按钮,对话框的列表框中会显示 sprue2.stl 文件,如图 8-62 所示。

图 8-60　从子组件菜
单选择几何体文件

图 8-61　几何体文件对话框

图 8-62　Sprue2.stl 文件选定的几何体文件对话框

记住此 STL 文件的尺寸单位为毫米,在网格和液体性质中使用的长度单位是厘米。
为转换此文件,需要应用放大,点击转换按钮,将出现转换对话框,如图 8-63 所示。从毫
米转换为厘米需乘以 0.1,在全局放大编辑框中输入"0.1"。

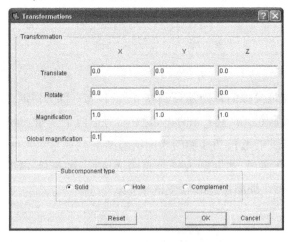

图 8-63　转换对话框

点击 OK,在下一个屏幕中点击 OK 以接受默认项。

这是一个浇筑问题,需导入此文件以创建一个被固体包围的空腔。第一步应该将其指定为补体,FLOW-3D无法显示由子组件形成的定义为补体的空腔。仅仅可看到一个固体框,是通过补体选项形成的固体。让子组件保持为固体。

下一步,导入代表该部分的STL文件。仅作一处小的改变下重复之前过程。

选择子组件/几何体文件,点击添加按钮以选择 part2.stl,点击转换按钮。再一次,设置全局放大编辑框至"0.1",然后设置子组件类型为孔洞。为创建一个孔洞,子组件需定义为一个孔。通过FLOW-3D从一个STL文件中显示孔洞,在转换对话框中点击OK。

8.5.3 部件定位

图 8-64 显示了两个部件并未定位准确的子组件。因为从不同的源头获取STL文件,导致有时会发生这种情况。因为每一个物体居中于相同的坐标,当导入时,不会描述浇筑。

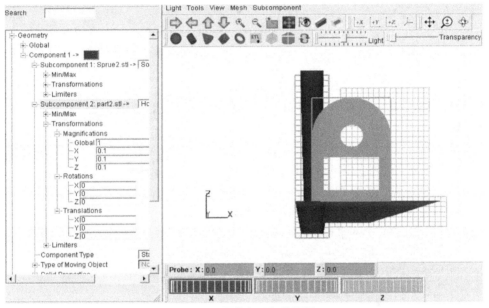

图8-64 网格和几何体面板

为解决此问题,需要平移此部分或子组件 2。首先需要与浇筑口和滑道有关系的部分,这需要绘图或其他外部知识。该部位位于滑道下 3 cm 和滑道上 0.5 cm 之间。需要在 X 方向移动该部件 3 cm,并在 Z 方向移动 0.5 cm,来指定浇筑口和滑道的方向。为此,展开几何体树,并展开子组件 2 分支。下一步,展开转换/平移分支,在 X 编辑框输入"3",在 Z 编辑框输入"0.5"。在每次输入后按回车键以便使几何体更新。

组件树如图 8-65 所示。

对于此组件,不使用 STL 文件,而是创建一个 FLOW-3D 基元。从演示窗口菜单选择子组件/框,则出现对话框。必须切断滑道和部件之间的门。可使用常规矩形体积完成。该部件从 X=3 cm 延伸至 X=10 cm。在 X 低值框输入"4.5"并在 X 高值框输入"8.5"作为门的长度。门也可在 Y 方向延伸,输入"−0.4"为 Y 低值并在 Y 高值框中输入"0.4"。最终,门的 Z 方位必须在滑道顶部和部件底部之间切断,不需要像在空体积内精确切出一个孔。在 Z 低值框中输入"−0.4"并在 Z 高值框中输入"0.6"。如图 8-66 所示。

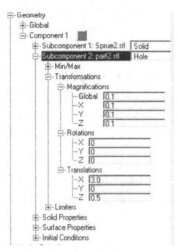

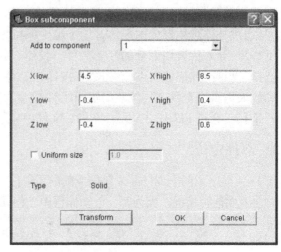

图 8-65　组件树　　　　　　　　　　图 8-66　框子组件对话框

将门创建为一个孔,点击转换按钮,然后选择孔→点击 OK。几何体树加入子组件,并在窗口中出现。

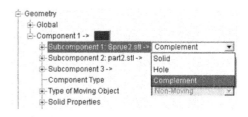

重新定义子组件 1 作为组件,展开组件 1/子组件 1 分支并从下拉列表中选择补体,如图 8-67 所示。

图 8-67　组件 1 树

选择完成栏标并点击预览按钮来运行预处理,然后选择分析栏标并选择 prrplt.h3 检查结果,几何体已被成功应用于网格,如图 8-68 所示。

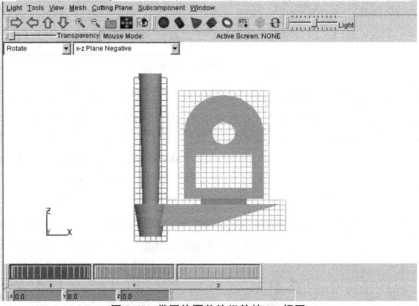

图 8-68　带网格覆盖的组件的 2D 视图

8.5.4 确定添加冷却管的位置

对许多浇筑,有必要添加冷却管或隔热套管,而创建冷却管非常有挑战性。

通常,使用不同的 STL 文件或通过 FLOW-3D 基元创建冷却管,并且埋在模具中。由于 FLOW-3D 在阅读工作部分的 STL 文件时已经创建模具表面,如果仅通过添加冷却管为新组件,则预处理器将忽略它。

返回部件的初始 CAD 图添加冷却管为独立物体,重新创建该部件的 STL 文件(减去冷却管体积)并为冷却管创建另一个 STL 文件。因诸多原因,此选项不可取。

检查凝固模拟的一些结果。事实上,在合适位置添加冷却管以达到想要的结果。由于冷却管有时候用于增加温度梯度,看一下温度梯度。在下文中学习创建凝固模拟。可在 flsgrfr.3d 中找到结果。

选择分析栏标。点击打开结果文件按钮。选择典型单选按钮然后选择 flsgrfr.3d 文件,点击 OK。分析面板看起来不同,这个 flsgr.3df 文件是一个完整 3D 凝固模拟。使用完整 3D 模拟是因为在第三方向没有热量损失,合金不会凝固。选择 2D 栏标,查看 2D 温度梯度图。如果浏览过等高图变量,那就看不到温度梯度,凝固温度梯度是专门用于凝固的变量,并且不包含在常规变量列表。将在左下角看到数据源组框,选择凝固单选按钮,如图 8-69 所示。

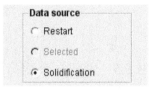

图 8-69　绘图数据源组框

等高图变量框显示的变量将变为无。然而,如果打开等高图变量下拉框,将看到一个新的变量列表,如图 8-70 所示,从列表中选择凝固温度梯度。

由于这是一个 2D 图,且需要选择想看到的平面或浇筑块,本浇筑仍然与前文中相同方式延伸,因此查看一下 X-Z 平面的浇筑块。在平面组框,点击 X-Z,Y 方向的滑块自动跳入网格中心,该处是想要看的位置,所以可以保持在那。最终,在右角低处点击网格块,选择网格块 3,并取消选择网格块 1,点击 OK。

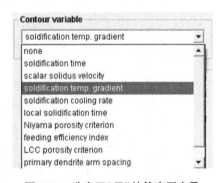

图 8-70　选定了"无"的等高图变量
下拉框

点击渲染按钮,颜色等高线显示在工作件的撑杆处温度梯度是最低的,如图 8-71 所示。

并不显示工作间所有位置的温度梯度。整个空腔被液体充填,按默认,温度梯度仅在液体温度低于固体温度时进行计算,因此,图片仅显示已经凝固的合金。

由于已经确认至少一个位置可能受益于冷却管,查看创建冷却管的描述。

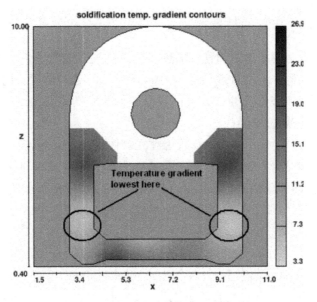

图 8-71　在浇筑的支撑杆处温度梯度低

8.5.5　创建一个冷却管

使用两步法在 FLOW-3D 工程中添加冷却管,步骤如下。

(1)添加一个与冷却管形状和尺寸相同的子组件,并指定子组件为一个孔以便 FLOW-3D 切除模具体积。这避免了 FLOW-3D 忽略那部分体积的任何进一步变化。

(2)添加一个新的子组件并指定组件为固体,以便可以对其赋予冷却材料的属性,而不是模具材料。

选择模型设置/网格 & 几何体栏标。

第一步是切除一部分模具材料。先在工作件中心核部临近右手支撑杆或滑道处放置一个冷却管,为一段长 2 cm、高 1 cm 的杆,其宽度为整个浇筑(Y 方向)。

从展示窗口菜单选择子组件/框,显示为一个大盒子,代表由子组件 1 作为补体创建的固体。有以下几种选择:①盲目工作并不看创建位置添加子组件;②临时地将子组件 1 转换为固体然后换回;③点击子组件 1,然后右键点击,从弹出菜单选择属性/隐藏。应出现一个大盒子,并且应出现子组件 2 和 3 创建的孔。

显示核心的右侧终止在 X = 9 cm。由于冷却管长 2 cm,所以其应从 X = 7 cm 延伸至 X = 9 cm。在 X 低值和 X 高值编辑框中分别输入"7"和"9"。为确保冷却管延伸至浇筑长度,在 Y 低值和 Y 高值编辑框中分别输入"−1.3"和"1.3"。

该体积应切除固体体积。点击转换按钮并在面板底部指定孔,点击 OK。新的子组件出现在核心内部。

通过在显示窗口菜单选择网格/显示重叠网格于目标上,选择一个 X-Z 平面视图,冷却孔仅仅约 2 网格宽。通过选择完成/预览运行预处理,查看孔的创建效果。

在运行预处理后,选择分析栏标,点击打开结果文件按钮并选择退出,选择 prpplt.h3。

从面板右侧的列表选择合成-组件-X-Z 图形。组件图的一部分如图 8-72 所示,可见冷却管的空腔表示得非常粗糙。

这是一个组件分辨率问题的例子。因为它在网格中间,模具靠近冷却管的角丢失了。可通过两种方式解决,一是在网格中增加网格数,这样非常低效;二是精确地布置一个网格线以帮助求解网格。

图 8-72 带冷却管的组件

选择模型设置/网格 & 几何体栏标,尝试在 Z=2 和 Z=3 处添加网格线,展开网格–笛卡儿/块 3 分支的 Z 方向,然后右键点击 Z 方向来收起网格弹出菜单。选择添加,出现添加网格点对话框。Z 方向应该已经选定。在编辑框中输入"2"并点击添加。网格线应出现在网格的 Z 分支。下一步,在编辑框中输入"3"并点击添加。网格线应出现在网格的 Z 分支,点击关闭按钮。当完成后应如图 8-73 所示。

确认子组件 1 被定义为补体。从顶部菜单选择工程/保存,然后从模型设置,完成栏标运行预览。再一次,选择分析栏标以检查组件,点击打开结果文件按钮。注意可选 prpplt.h3 文件(选择现有单选按钮)或 prpgrf.h3 文件(选择典型单选按钮),然后选择 2D 面板在网格块 3 中生成组件个性图,点击渲染按钮。结果如图 8-74 所示,此情况已经有所改进,模具之间的角和冷却空腔均精密且清楚。然而,模具的低端臂已经消失。这是另外一个分辨率问题。在 Z=2 处放置网格线导致模具低端臂整个落在网格线之间,没有交叉。这样,预处理器丢弃了中心核的此部分。

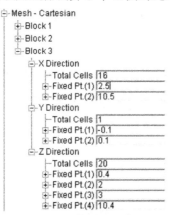

图 8-73 增加固定网格线至 Z 轴,网格块 3

图 8-74 核心的低端臂已被删除

如果预处理器丢弃部分核心是因为其并未与网格线相交,可断定在刚好位于核心低面处添加一条网格线,预处理器应保留。

一条网格线在 Z=2 处,并且,网格尺寸是 0.5,这样另一个网格线靠近 Z=1.5。然而,核心的低端臂消失了,这样需要一条较 Z=1.5 更近的网格线,可尝试在 Z=1.6 处添加一条网格线。

选择工程/保存。选择模型设置/网格 & 几何体栏标。展开块 3 分支的 Z 方向并在 Z=1.6 处添加另一条网格线。运行模型设置、完成及预览。然后选择模型设置/网格 &

几何体栏标。冷却空腔已经被成功切割（如图 8-75 所示）。

下一步，添加现实中冷却管体积，选择模型设置/网格 & 几何体栏标。

从演示窗口菜单选择子组件/框。对于冷却管，其必须是一个完全独立的组件。冷却管的材料属性应区别于模具材料，从添加至组件下拉框，选择新组件 2，在如图 8-76 所示对话框中输入值，点击 OK。

图 8-75　已成功添加冷却管切割　　　　　图 8-76　为冷却管添加新几何体

在演示中不会看到太多改变。（注意子组件 1 必须设置为看起来为一个盒子的固体）。这是因为冷却管在子组件 4 顶部为冷却管切出了孔。如果选择子组件 4 并右键点击，可选择特性/隐藏则孔将消失。显示一个近似矩形的块，应具有与子组件 4 相同的形状，但颜色与组件 2 相同。选择工程/保存并运行预览。

然后在 prpplt.h3 中检查组件图。选择分析栏标→点击打开结果按钮→选择已有单选按钮→选择 prpplt.h3，点击 OK，从右侧列表选择组合-组件-X-Z。将看到在核内部的冷却管，如组件 2 所示。

8.6　练习 6

8.6.1　问题描述

本问题的目的是模拟水从水库流过开槽的薄壁堰进入下面的水池，如图 8-77 所示。

8.6.2　目标

学习如何基于课程中材料创建一个问题示例。

（1）使用一个 STL 文件创建几何体；

（2）使用 FLOW-3D 子组件创建几何体；

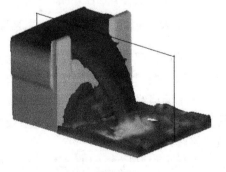

图 8-77

（3）调节网格以更好地分解几何体。

8.6.3　问题类型

启动 FLOW-3D 并打开位于 C：\ class \
Hydraulics\HandsOns3\目录的 prepin.weir 工程文
件。本文件对材料已设定课程后续涉及的一系
列选项,选择模型设置/网格 & 几何体栏标。

导入 STL 目标。在本例中使用 FLOW-3D 导
入一个名为 weir1.STL 的 STL 文件。点击子组件
菜单并选择几何体文件,调出几何体文件对话
框。点击添加来添加几何体文件,然后在 C：\
class\Hydraulics\HandsOn3\weir1.stl 目录下选择
STL 文件,在添加组件框中点击 OK。你可以在
组件树下查看几何体尺寸及其属性,如图 8-78、
图 8-79 所示。

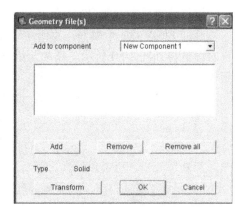

图 8-78　几何体文件对话框

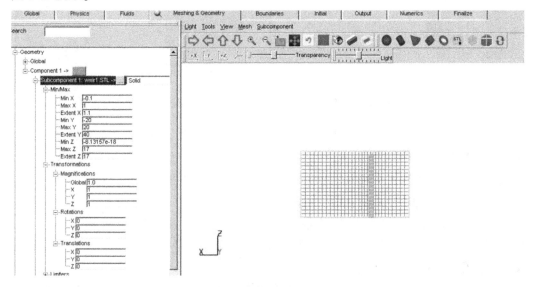

图 8-79　网格 & 几何体栏标

从顶部工程菜单选择保存,然后点击 OK。

进入模型设置,在完成栏标点击预览,运行预处理器。这将在网格中植入 STL 物体
并创建可查看的结果。查看植入的 STL 物体,选择分析栏标→选择典型单选按钮并选择
文件 prpgrf.weir,点击 OK。

选择 2D 图形→选择 X-Z 平面→并设置 Y 极限滑块包含整个区域。这将为所有 Y 平
面创建 X-Z 图形,然后点击渲染并回顾图形。再次选择分析栏标,选择 3D 图形,将Iso-表
面设置为体积部分补体,设置颜色变化为否,然后点击渲染。

8.6.4 添加一个 **FLOW-3D** 子组件

将使用 FLOW-3D 子组件添加上游水库的底板。

通过选择模型设置/网格 & 几何体栏标修改工程。

添加 FLOW-3D 子组件。点击子组件菜单并从演示窗口菜单选择框。出现的框子组件对话框将如图 8-80 所示。添加至组件选择新组建 2，在此情况作为组件 2 在上游对底板建模。

输入框的尺寸如图 8-81 所示。保持其他选项为默认设置。

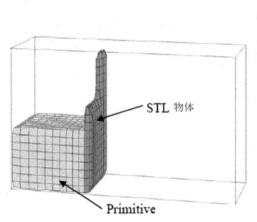

图 8-80 堰的 Favorized 视图

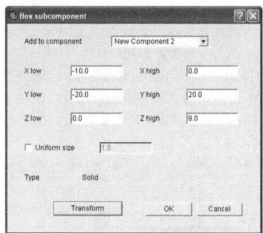

图 8-81 框子组件对话框

点击 OK 以关闭对话框。注意在区域内有一个新子组件。对于此问题创建两个独立的组件。这允许对两个不同几何体部位设置不同的特性，例如表面粗糙度。如果几何体两部分具有相同的特性，可将其创建为一个带有两个子组件的单独组件作为替代。此问题中，几何体是否由一个组件或两个组件没有关系。

（1）修改标题，点击全局栏标，在说明部分第一行标题中添加"带有基元"。

（2）用一个新名字保存工程，从工程菜单点击保存为，将文件命名为 prepin.weir2，然后点击保存以关闭面板。

（3）运行预处理。从完成栏标点击预览，在预览模式下运行预处理器，这将几何体嵌入网格并创建结果。

（4）查看组合几何体，选择分析栏标，然后点击打开结果文件按钮，选择典型单选按钮并选择 prpgrf.weir2 文件。然后点击 OK。

（5）选择 2D 图，选择 X-Z 平面，并设置 Y 极限滑块以包含整个区域。这将为所有 Y 平面创建 X-Z 图，然后点击渲染并预览图片。

（6）再次选择分析栏标，选择 3D 图片，将 Iso-表面设置为体积部分补体，设置颜色变化为无，然后点击渲染。

8.6.5　修改网格以消除绘图问题

（1）修改网格，使 X 网格线与 STL 对象的上游对齐。

（2）通过选择模型设置栏标修改工程。

（3）检查 STL 对象的尺寸；一种方法是查看预处理报告文件以检查预览是否已经运行。

（4）点击诊断，然后选择预处理报告。

（5）可看到 cad 数据 X 坐标最大/最小的断面。

（6）注意 X 坐标最小值为 X＝"－0.1"。在当前设置的网格中，有一个网格固定点在 X＝"0.0"。通常有网格线与组件或子组件交叉点对齐是一个好办法，因此将移动网格线至 STL 对象的边缘。

（7）修改网格，选择网格 & 几何体栏标，展开网格-笛卡儿/块 1/X 方向分支，将固定点（2）的值变为"－0.1"。

（8）修改标题，选择全局栏标，在说明段第一行添加"修改网格"至标题。

（9）用一个新名字保存工程，从工程菜单选择保存为，将文件命名为 prepin.weirX，然后点击保存以关闭对话框。

（10）运行预处理。点击预览以在预览模式下运行预处理。

（11）再次检查组合几何体。选择分析栏标，选择典型单选按钮，然后选择 prpgrf.weirX 文件，点击 OK。

（12）选择 2D 图形，选择 X-Z 平面，并设置 Y 极限滑块以包含整个区域。这将为所有 Y 平面创建 X-Z 图形，然后点击渲染并回顾图片。

（13）然后选择 3D 图形，设置 Iso-表面为体积部分补体，设置颜色变化为无，然后点击渲染。

8.6.6　在堰下游添加一个附加结构

在堰下游添加一个椭圆阻塞，中心在 X＝"20"，椭圆高度将为"2"，长度为"5"，如图 8-82所示。

在堰下游添加一个基元→选择模型设置/网格 & 几何体栏标→点击子组件并选择圆柱。打开如图 8-83 所示的圆柱子组件对话框。

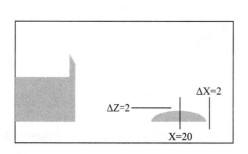

图 8-82　展示堰下游附加结构几何体的 2D 视图

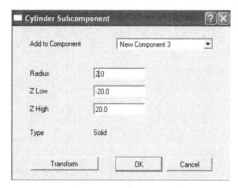

图 8-83　圆柱子组件对话框

选择新组件 3。输入圆柱尺寸如图 8-83 所示。通过创建一个半径为"2"的圆柱来创建此子组件,然后在 X 方向放大 2.5 倍以使圆柱椭圆化。由于 FLOW-3D 圆柱子组件创建为平行于 Z 轴,相对 X 轴旋转圆柱 90°以使其平行于 Y 轴。最终,圆柱是围绕原点创建的,所以在 X 方向上平移圆柱体至中心在 X="20"。输入半径,Z 低值和 Z 高值。

点击转换然后在 X-方向平移,旋转并放大相应地输入"20"、"90"和"2.5"。输入值后转换对话框,如图 8-84 所示。在转换对话框中点击 OK。

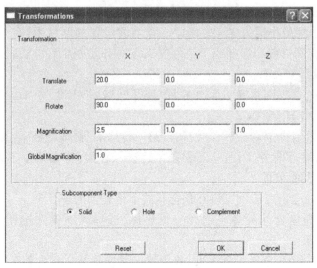

图 8-84　转换对话框

8.6.7　修改网格以适应新结构

(1)选择模型设置/网格 & 几何体栏标(如图 8-85 所示)。

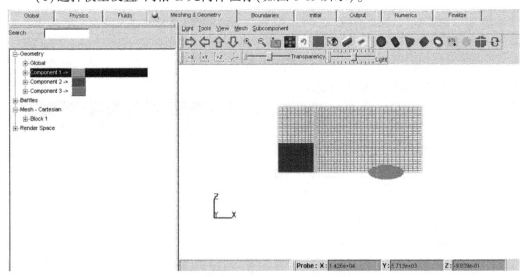

图 8-85　网格 & 几何体面板

（2）展开块 1/X 方向分支并改变固定点"3"的值为"30"以及总网格为"40"。展开 Z 方向树并改变总网格为"36"，右键点击块 1 并点击"更新网格"。

（3）修改标题。选择全局栏标，在说明段第一行标题中添加"含结构"。通过从工程菜单选择保存来以新名字保存工程，将文件命名为 prepin.weirStructure，然后点击 OK 来关闭对话框。

（4）运行预处理。从完成栏标点击预览以在预览模式下运行预处理，查看几何体，选择分析栏标，选择典型单选按钮并选择文件 prpgrf.weirStructure。点击 OK。

（5）选择 2D 图形。选择 X-Z 平面，并选择 Y 极限滑块以包含整个区域，为所有 Y 平面创建 X-Z 图形，然后点击渲染并回顾图片。

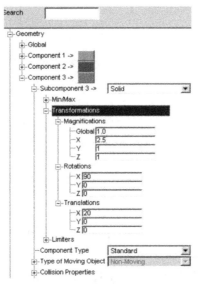

图 8-86　对组件 3 的放大值

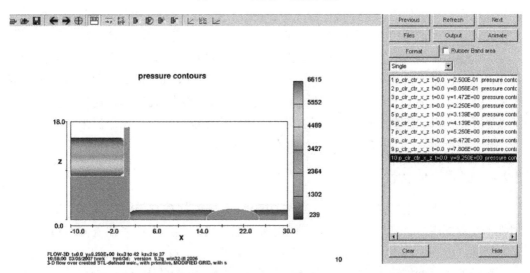

图 8-87　在 X-Z 平面展示组件的 prpgrf.weir Structure 文件

(6)然后从分析栏标选择 3D 图形。将 Iso-表面设置为体积部分补体,设置颜色变化为无,然后点击渲染。

8.6.8 变化

修改网格或添加额外几何体。

8.7 练习 7

8.7.1 问题描述

此处对地球重力环境下罐体加注模拟进行建模。翻译成 FLOW-3D 术语,本问题为一个自由表面、一种流体、无压流,使用物理模型重力的模拟。

8.7.2 目标

学习设置初始条件、修改输入文件、加载液体特性,并理解流型。在之前课程中罐体加注模拟中,罐体中的气体区域被当做空隙对待。在本节中,研究对气体区域的其他可能的处理。

8.7.3 流型

启动 FLOW-3D 并从\Class\Aerospace\Hands-On4 目录打开名为 prepin.tankwithair 的工程。该工程文件包含有关计算区域、边界条件和物理模型的信息。

前面处理单一液体的模拟,由于两种液体之间的动能交换可被忽略,故空气或其他气体已被忽略,而且一种液体的流动不会被其他液体影响。但在许多情况下,一种液体流动的出现确会影响其他液体。在这种情况下,需使用两种液体模型,以便两种液体内的动力均予计算。在本课程中,模拟罐体加注,将水作为液体 1,并把空气作为液体 2。

为创建两种液体问题,选择模型设置/全局栏标,在液体数量下选择两种液体,注意在界面追踪下已选自由表面或清晰界面。尽管此模拟有两种液体,但这两种液体的流动情况来说是互不相溶的,至少对于此问题。这样,在流动过程中,在液体任何位置应一直有清晰界面。而且在流动型式已默认选择不可压缩,后面也会使用可压缩流来解决此模拟的变化。模型设置/全局窗口应看起来如图 8-88 所示。

8.7.4 加载液体特性

由于已选水和空气作为流体,可从 FLOW-3D 数据库加载它们的特性。当所需液体属性不在数据库内,可以在流体数据库使用加载按钮来加载属性或者在流体窗口单独地输入特性。如图 8-89 所示。

选择液体栏标加载水的特性。下滚液体列表,选择 20 ℃的水,点击加载液体 1 按钮,选择 CGS 作为工程单位并点击 OK。

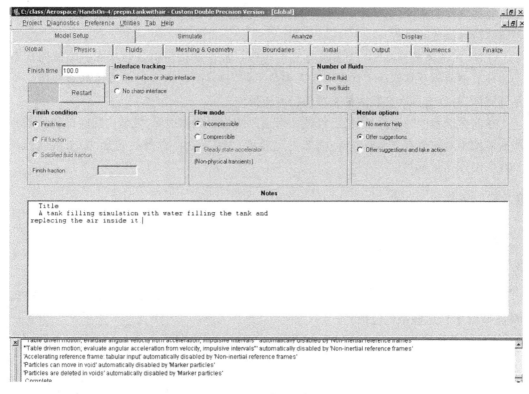

图 8-88　全局面板

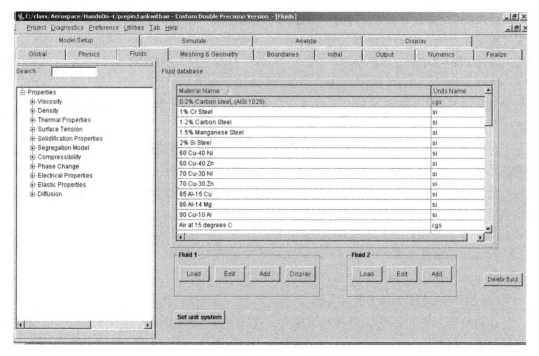

图 8-89　液体面板

加载空气的特性,选择 15 ℃的空气,点击加载液体 2,点击 OK,从而结束本次模拟两种液体特性设置的过程。

注意:对流体数据库窗口的删除按钮要谨慎。点击此按钮将从数据库删除流体且不能再获取该流体及其属性。如果不小心加载了错误液体,可以通过在流体列表选择一个不同流体,并点击再次加载液体来覆盖已有流体。

在前面课程中的边界条件,已经使用带通风的设置罐体边界,区域内除底部和顶部的所有侧使用对称边界条件,在顶、底部指定速度(170 cm/s)以及指定压力(1 大气压 = $1.013×10^6$ dyne/cm^3)。

8.7.5 重力

选择物理栏标并选择重力,在 Z 方向重力组件输入值-980 cm/s^2。

8.7.6 初始条件

初始条件指的是与模拟开始时液体相关的条件(如图 8-90 所示),这些条件包括:

(1)液体速度;

(2)液体温度;

(3)液体压力;

(4)在区域内的液体构型。

再次,试着模拟用水加注罐体。罐体最初充满处于大气压下的空气。水通过罐体进口以 170 cm/s 的速度进入罐体,罐体加注水,并替换空气。

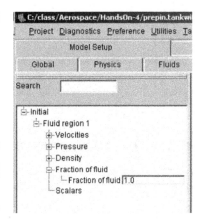

图 8-90　在初始面板设置液体部分

注意:将液体按不可压缩对待。因此,液体压力可指定为任何值,压力值可以是水压的或大气压的,如果液体 2 按可压缩对待,则压力应为绝对的。

选择模型设置/初始栏标→点击添加液体。由于整个区域被认为被空气占用,将区域限制器保持为空,将默认尺寸为整个区域,点击 OK 关闭区域窗口。需指定该区域充满空气。展开初始树液体区域/液体部分分支。输入值"0.0"(如图 8-91 所示)。此值代表液体 2,亦即空气。

注意:F 值(流体分数)指定液体号码。

F=0 ——→液体 2;

F=1 ——→液体 1;

0<F<1 ——→液体 1 和 2 的混合物。

在初始压力场下 Z-方向选择静水压力。这样选择,液体中压力随液体注入罐体后液体高度变化而变化。

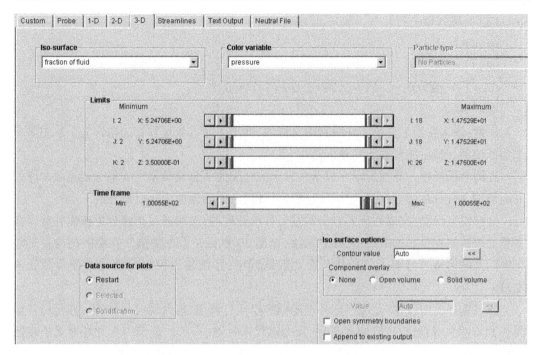

图 8-91 在分析面板的 3D 栏标

8.7.7　修改输入文件

可在输入文件中设置 FLOW-3D 为不同物理模型提供额外的选项并输出额外的数据。在本练习中学习如何修改输入文件以设置一个挡板和一个历史点,挡板是为收集关于那部分区域的额外信息而创建的一个封闭区域,例如:

(1)在一个定义挡板内的液体体积;

(2)挡板边界的液体流速和热量流速;

(3)挡板内的颗粒数量。

历史点允许使用者查看特定点相对时间的一系列参数变化,这些数据列表于模型设置窗口内输出窗口的选定数据列中。

对于此模拟,有人可能关注流过进口和出口的流速以及在罐体上的力。FLOW-3D 允许使用者在计算区域内创建盒子类别子组件,在计算区域内测量这些额外参数。

从主菜单选择实用/文本编辑器,直接编辑输入文件。下拉输入文件中,找到 $bf,在包含 $bf 和 $end,之间,输入以下行:

nbafs = 1,

ifbaf(1) = 1,

bz(1) = 1505.0,

bxl(1) = 495.0,bxh(1) = 1505.0,

pbaf(1) = 1.0,

为添加一个历史点和力的窗口,在输入文件中下拉,找到 $grafic,在包含 $grafic 和

$end 之间,输入以下行:

nwinf=1,

zf1(1)=500.0,

xloc(1)=1000.0,yloc(1)=1000.0,zloc(1)=500.0,

点击 OK。

注意:输入变量汇总位于在线帮助文件内,列出了输入变量和它们的含义。从主菜单中选择帮助/内容,展开输入变量汇总。

选择全局栏标。注意设定完成条件为完成时间而不是充填率。如果选定充填率作为完成条件,则模拟可能仅在一个时间步骤后即停止,因为罐体内部已经充满了空气。

选择模型设置/完成栏标并点击预览运行预处理器,然后通过选择分析按钮并选择典型单选按钮来查看 prpgrf.tankwithair 文件,选择 2D 栏标并点击渲染。查看问题设置是否正常以及网格是否分解了几何体。在之前课程中,仔细检查网格分辨率并查看预处理汇总。

通过选择模型设置/完成栏标并点击模拟以运行模拟,这会耗时几分钟。在模拟开始将在 FLOW-3D 信息框中获取此消息"压力迭代未收敛……"。这是因为处理器无法在两种液体界面压力上收敛,如果迭代失败次数发生 25 次,则处理器将停止。

某些情况下,如果两种液体之间压差或速度差异很大,模拟可能有困难。在本模拟中,已经为水进入进口的速度选了一个低值,因此,处理器能在两种液体界面间压力值上收敛。

8.7.8　结果视觉化

首先,做一个模拟的 3D 图形,可用于理解整体流型。选择 3D 栏标,从颜色变化下拉框选择压力,在 Iso 表面选项下选择打开体积单选按钮,设置时间帧滑块以获取最大时间帧(设置最小滑块至最左边,设置最大滑块至最右边),点击渲染,调整透明滑块以查看几何体内流动。

再次选择分析栏标,该表颜色变化至 Z 速度并点击渲染按钮。

可以在 2D 视图下查看计算区域的 X-Y、Y-Z 和 X-Z 平面流动。

选择 2D 栏标,选择液体部分作为等高图变量(从下拉菜单),为平面选择 X-Z 单选按钮,点击渲染。注意罐体通过中心沿 X-Z 平面加注。

再次选择分析栏标,移动 Y 极限滑块以获得最大时间帧(设置最小滑块至最左边,设置最大滑块至最右边),点击渲染。尝试其他选项查看结果。

点击 1D 栏标。可获得更佳的沿单一的、或为 X、Y 或 Z 方向物理量的定量描述图形。调节在图形位置下的滑动条以选择绘图方向和尺寸,如图 8-92 所示。在绘图位置下选择 Z-方向并保持互动条在其默认位置。

在数据变量下选择 Z 速度并点击渲染,注意进口 Z 的速度从 170 cm/s 开始,沿 Z 方向减小然后突然在出口处增加。

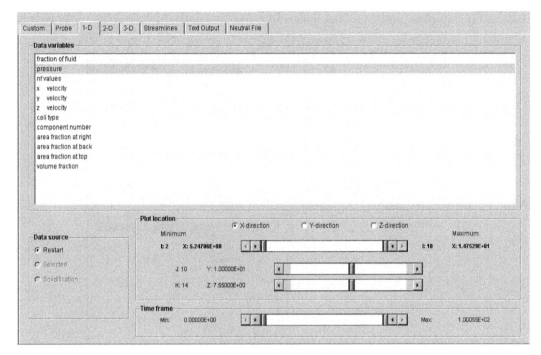

图 8-92 分析面板的 1D 栏标

8.7.8.1 探索

不同于 1D、2D 或 3D 图形,探索可提供计算区域指定位置不同物理量的历史图形。之前已指定一个力的窗口用于计算流速和罐体中的力。

为查看罐体上的力和进口的流速,浏览总体历史图形,选择分析/探索栏标,在数据源下选择总体历史,下滚数据变量列表并选择 X 力的窗口 1,在输出表格下选择图形并点击渲染。

此图展示了在力的窗口内所有网格中力的综合。在 X 方向,应看到力在正值和负值间振荡。看一下此力的量级(为 10^{-9} 阶)。这个力代表了罐体内液体经历的扰动,类似地,看一下 Y 力和 Z 力。

之前的课程探讨了查看流过罐体进口和出口的流速,再次经过这些步骤以查看罐体进口和出口的流速。

文本输出提供文本表格输出数据的选项,稍晚可被用于策划方案,类似 Matlab,Gnuplot,等等。

8.7.8.2 中性文件

需要一个名为 transf.in 输入文件来完成此模式输出,包含关于以 X、Y、Z 坐标形式的节点信息,可包含随需要尽可能多的点,使用输入文件内节点,按相同顺序产生,包含关于那些点物理量的信息的输出文件。物理量可从中心文件窗口提供的数据变量列表中选择。

8.7.8.3 流线

流线给出任何时间通过一点的流动。选择流线栏标,在颜色变量下选择液体部分,使用添加点按钮来添加坐标为(1 000,1 000,500)的点,点击添加,点击关闭。保留其余选项为默认值并点击渲染。图 8-93 显示了在时间 t ="33 s"通过罐体中心的流线。

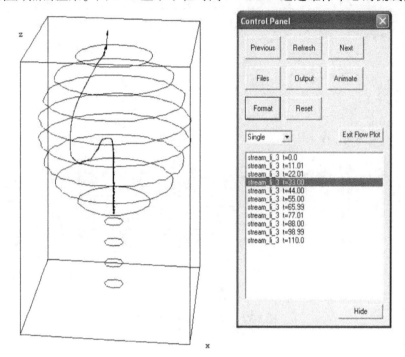

图 8-93 在 t=33 s 起点在(1 000,1 000,500)的流线

8.7.9 变化 1

在稍早的模拟中,可以看到处理器最初几组尝试的压力迭代不收敛。这是因为处理器不能收敛于界面的压力值,在这个变化中,将增加进口的速度(如 1 000 cm/s)并查看处理器的反应。

选择边界栏标→展开块 1 分支→点击 Z 最小并输入"1 000"→点击 OK 以关闭 Z 最小边界窗口。

不需要在模型设置窗口作任何改变。从顶部菜单选择工程/保存并保存此输入文件为 prepin.tankwithair2。通过选择模型设置/完成栏标并点击模拟来运行模拟,看到处理器尝试收敛压力,但在 25 次迭代失败后,模拟终止。

当使用两种液体模型时,需要小心。除非必要,使用此模型将同时增加计算时间和模拟失败的概率。

8.7.10 变化 2

在本实操课中第一次模拟时,已经将空气当作不可压缩液体对待。在本变化中将把空气当作可压缩液体对待。使用可压缩液体模型,FLOW-3D 将在连续性和动量方程之外求解能量方程。因此,此模拟可能消耗更长时间和计算资源。

　　模拟从罐体中排水,这是一个尝试模拟燃料罐排出推进燃料至燃烧系统。为方便建模将使用如之前模拟一样的液体,亦即水作为液体推进燃料,而空气作为罐体中的气体。

　　罐体温度和其内的两种液体最初为 100 ℃。罐体内压力保持不变,通常比周围压力高约 1 atm。设定初始压力为 2 atm,为保持罐体为不变压力,随着推进燃料排出,允许气体(空气)从罐体顶部进口进入。

8.7.11　全局

　　点击工程并选择打开,打开工程文件 prepin.tankwithair。选择全局栏标,然后在流体类型下选择可压缩。

8.7.12　能量方程

　　可在物理栏标下找到能量方程模型,截至目前仍未使用。根据经验,需要温度反映的模拟需求解能量方程,只要假设罐体和内部液体最初为一个特定压力,则需使用能量方程。

　　选择物理栏标并选择热量传导/第一顺序。

　　注意:以计算成本为代价,选择第二顺序可能更准确地解决平流项。

8.7.13　热传递

　　一般地,热传递意味着热量从一种物质传导到其他物质。然而,FLOW-3D 使用此术语暗示有热量从一种固体(组件)传导至液体。在本例中,有热量从罐体传导至液体。因此,需使用热量传导模型,如图 8-94 所示。

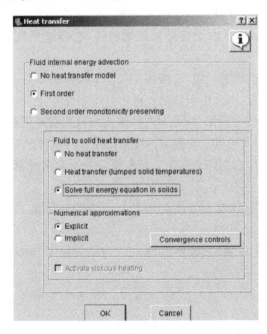

图 8-94　热传递对话框

必须要注意使用可压缩液体模型同时温度边界已指定时,FLOW-3D 求解器使用理想气体方程计算密度、压力和其他物理量。在本例中,指定气体常量是必不可少的。然而,只要从液体数据库选择特性,此信息则被提供。

指定最初组件(罐体)已加热,给定组件一个温度值(例如 100 ℃),选择模型设置/初始并为温度输入"373"。

注意:FLOW-3D 并不使用任何指定单位计算不同参数,只要使用者使用统一的单位系统,则可使用任何单位系统。这样摄氏度或开氏度均可用于指定温度。但是如果使用可压缩液体,气体状态方程($PV=nRT$)被用于计算参数,并且由于状态方程使用开尔文温度,为保持一致,对于此问题需要指定开尔文温度。

如之前所述,在罐体内部为恒定压力,为保持恒定压力,随着液体从出口排出,气体从顶部进口泵入。这样,顶部边界条件为指定压力边界条件。

选择边界栏标,在顶部边界(Z 最大)条件类型下选择指定压力,压力处输入"1.013×10⁶"。如果在此边界处没有指定温度值,则默认为 100 ℃。但最好指定温度。可以通过使用热性能信息栏标指定温度,在温度处输入"373",点击 OK。

为模拟一个提供燃料给燃烧系统的标准压缩器运动,将在底部使用一个指定速度边界条件。为底部边界(Z 最小)选择指定速度,为 W 速度输入"-170",温度边界条件将类似顶部边界,点击热性能信息,为温度输入"373",点击 OK。

由于罐体部分充填水且部分充填空气,也需要改变初始条件。罐体内部初始压力为 1.013×10⁶,并且初始温度为 100 ℃。

选择初始栏标,右键点击液体区域 1 并点击编辑,为 Z 低值输入"1 000",点击 OK。展开液体区域 1,为液体部分输入"0.0",将创建一个初始液体区域,被液体 2(空气)占据,充满了罐体顶部那一半。由于这是可压缩液体,也需要指定初始压力,为压力输入"1.013×10⁶"。

创建被液体 1(水)占据的子组件,液体 1 充填了罐体底部那一半。点击添加液体,为 Z 高值输入"1 000",点击 OK。由于这是一种不可压缩液体,在本例中不需要指定任何压力。因为需要使用热力传导模型,需要对两种液体均指定初始温度。

FLOW-3D 允许使用者通过定义温度区域来指定一种液体的初始温度,温度区域与液体计算区域完全相同,并对温度区域指定温度值。由于有两种液体,需要指定两个温度区域。

(1)定义第一个温度区域(为液体 2,空气),点击添加温度,为 Z 低值输入"1 000"并点击 OK。

(2)定义第二个温度区域(为液体 1,水),点击添加温度,为 Z 高值输入"1 000"并点击 OK。

(3)为两个温度区域输入"373"作为温度。在这些步骤结束,初始窗口如图 8-95 所示。

因为罐体排水耗时不会为 110 s,最后改变模拟时间。选择全局栏标,为完成时间输入"60",保存输入文件为 prepin.tankwithcompair。

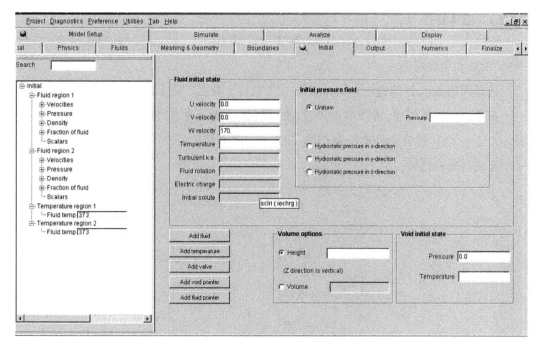

图 8-95　初始面板

通过选择完成栏标并点击模拟来运行模拟。一旦模拟完成,看一下温度的 2D 和 3D 图形,可同时看一下从顶部至底部边界的流速,从罐体至液体的热力传导速度以及罐体的压力是被关注的两个量。

8.8　练习 8

8.8.1　问题描述

一次重力倾倒浇筑模拟的基础由倾倒盆、浇筑口和一部分滑道构成。在倾倒过程中,液体流过浇筑口然后进入盆状几何体。在本模拟中要考虑两个变量,即液体流过模具的温度变化和最终氧化物浓度的增长和移动的表面缺陷密度。

翻译成 FLOW-3D 术语,本问题为一个自由表面、一种流体、无压流,使用物理模型,例如凝固、热传导、重力、缺陷追踪和紊流的模拟。

8.8.2　目标

在本课中,学习如何使用 FLOW-3D 的不同方面,包括以下几条:

(1)液体特性;

(2)初始条件;

(3)FLOW-3D 使用的单位。

启动 FLOW-3D,从主菜单选择工程/打开并选择 class/casting/handson4/prepin.h4。

8.8.2.1 液体特性

在添加了所有几何体后,Prepin.h4 事实上非常类似于 prepin.h2,其包含已定义的几何体、网格和物理模型。

选择网格 & 几何体栏标→展开组件 1/子组件 1 分支。将下拉框由固体改变为补体。

查看这些液体特性,选择模型设置/液体栏标。展开密度/液体 1 分支,密度显示为 2.5,这是一个铝-镁合金且单位为 CGS。下一步,展开热力特性/液体 1 分支。图 8-96 展示了完成时的特性树。

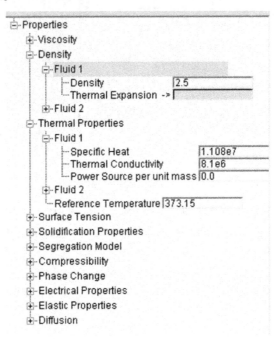

图 8-96　显示密度和热力特性的特性分支细节

对于热力传导激活的情况,比热和导热系数是必要的特性。每单位质量能源几乎用不到,仅在液体内部产生热量时使用,也就是放射性材料。理论上,可用于液体经历化学反应,但是从未按此种方式使用。

基准温度使用在热膨胀模型和为表面张力和黏性的温度相关模型。对于许多浇筑问题,不需要改变。

图 8-97 显示了液体数据库。在液体数据库下的加载液体和演示按钮对浇筑模拟是最重要的,假设将合金更换为名为硒铋铜合金的铜锌合金。演示按钮将展示突出显示液体的特性,硒铋铜合金(如图 9-98 所示)。下滚液体列表直至找到硒铋铜合金 1。注意在单位名称列中名称"SI"意味着单位为 SI 或米制。突出显示硒铋铜合金并点击演示按钮。

出现演示材料框,液体特性以简单文本显示于框内。黏性数据首先显示,随后是密度和热学性能。图 8-99 所示为演示材料框,下滚以显示密度和热学性能。

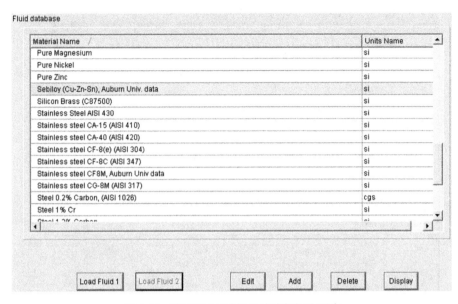

图 8-97 选定了 1%碳钢的液体数据库列表

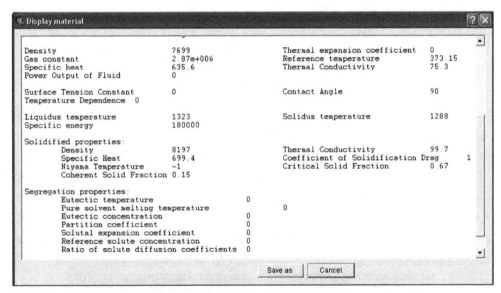

图 8-98 硒铋铜合金的密度和热学性能

保存为允许将演示保存为一个文本文件,可以将文本文件打印用于记录。

注意到液相温度为 1 323 ℃,其对于铜合金过高。液相和固相温度以开尔文温度报告,在 SI 单位中这是绝对温度标度。

许多浇筑者如正使用 SI 或 CGS 单位,则更喜欢使用摄氏度。为什么相变温度为开氏温度? 答案是一致性。温度的 SI 单位正常为开尔文,用摄氏度报告一些液体温度而其他液体温度使用开尔文将不一致且非常迷惑人。

当完成查看液体材料,在演示材料对话框中点击取消,并点击编辑。

此窗口的任何改变在点击 OK 并保存至液体数据库后将生效。通过在底部左角选择

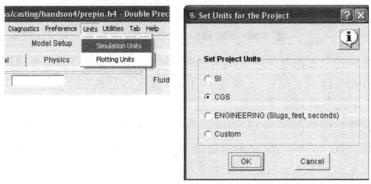

图 8-99 编辑硒铋铜合金液体数据库对话框

单位并点击 OK 来改变单位,这将把液体数据库内的值转换为 CGS,可以进行相反转换至 SI 并再次保存值。点击取消以避免数据库的改变。

加载硒铋铜合金,确保硒铋铜合金仍是突出显示的,然后点击加载液体 1。

硒铋铜合金以 SI 单位存储,已按 CGS 单位系统创建网格和几何体,因此,希望将液体单位转换至 CGS,在窗口顶部点击单位>模拟单位,将看到一个对话框,为工程设定单位。选择 CGS 单位并点击 OK(如图 8-100 所示)。模拟的单位已设定但是液体的特性仍未转换至 CGS。再次点击加载液体 1,然后出现显示转换的转换单位对话框(如图 8-101 所示),点击 OK 确认。注意液体数据库的值仍未改变,为 SI 单位。

图 8-100 工程对话框使用设置单位来转换单位

图 8-101　转换单位对话框以确认单位变化

下一步,假设不想在开氏温度下工作。下滚特性树直至找到固相特性分支。展开并突出显示液相温度(如图 8-102 所示)。

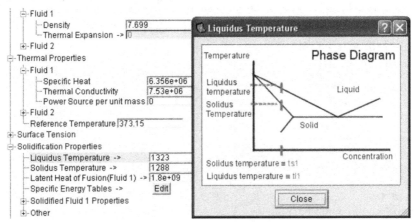

图 8-102　突出显示液相温度的特性树

在右侧的空白空间,将出现一个确定液相和固相温度的图表。在特性树中突出显示多个变量,将导致出现一个图表或公式帮助解释变量的使用。变量名字后带箭头"→",有一个图表帮助解释。

为改变液相和固相温度,在摄氏度下计算新值并在编辑框中输入。转换公式为:

$$T(℃) = T(°K) - 273$$

将温度转换为摄氏度后,点击关闭。

点击完成栏然后点击模拟。

处理器将立即停止,出现错误信息"没有可到达的空网格"。

为什么这样?答案非常简单。设定了倾倒温度为 627 ℃。这低于硒铋铜合金的液相温度,液体在进入浇筑口前已开始凝固。

改变合金的倾倒温度。因为合金进入区域的边界,所以倾倒温度是一个边界条件。

之前完整学习了设定边界条件,回顾程序,为改变倾倒温度,选择模型设置/边界栏标,合金从网格块 1 的 Z 最大(或顶部)边界进入计算区域,展开块 1 分支,点击 Z 最大按钮。

在热力信息对话框中设定即将进入的金属温度。点击热力信息按钮,在热力边界选项对话框顶部,删除"627"并输入"1 070",在两个对话框均点击 OK。

重新运行示例,然后通过选择分析栏标并选择 flsgrf.h4,查看结果。点击渲染。此模拟的加注时间(约 0.5 s)长于 prepin.h2(约 0.35 s)。

为什么加注时间不同于硒铋铜合金?原因在于压力边界条件。边界条件通过 $P = \rho g h$ 计算,硒铋铜合金的密度远大于铝−铜合金。这降低了用于驱动流动的有效高度或压力高度,结果模具加注减缓。

8.8.2.2 初始条件

下一步研究初始条件的设置。选择模型设置。只要设定初始条件,或许使用初始栏标。

事实上,对于浇筑问题,初始栏标为次重要的。这是因为对于许多浇筑问题,模拟开始时模具中没有液体。设定的最重要的初始条件是模具温度。已经定义组件进行。设定初始模具温度为 30。选择网格 & 几何体栏标,展开组件 1/初始条件分支,在温度编辑框中输入"30",如图 8-103 所示。

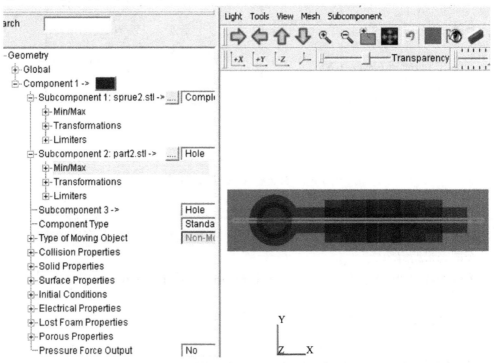

图 8-103　显示初始条件的几何体面板细节

设定了模具的初始温度则完成了大部分浇筑问题的初始条件设置。选择工程/保存,通过选择完成并点击模拟再次运行问题,查看更高的模具温度是否改变结果。

8.9 练习 9

8.9.1 问题描述

本问题的目的是模拟水从水库通过开槽的薄壁堰流入下面的水池。在本节中,将利用对称性并仅对一半堰建模,以便模拟可以运行更快,如图 8-104 所示。

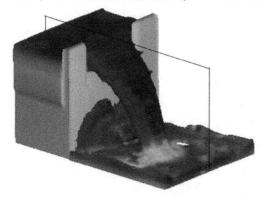

图 8-104 对称平面

8.9.2 目标

基于原来的练习材料,学习如何设定示例问题:

(1)如何设定初始条件;

(2)如何确定何时需要两种液体的运行;

(3)如何设置并运行一个现实中两种液体的问题。

在本部分,将把液体放在上游水库和下游水池,使用两个矩形块液体区域,如图 8-105 所示。

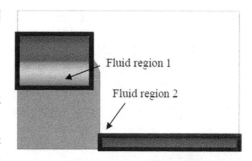

图 8-105 初始液体结构的 2D 代表

启动 FLOW-3D 并打开位于目录 Class/Hydraulics/HandsOn4 的工程文件 prepin.weir。该文件中对其他本课程涉及的材料的选项已经进行设定。

8.9.3 网格中初始化液体

(1)选择模型设置/初始栏标。

(2)点击添加液体来添加液体区域。区域窗口将出现。

(3)设置 X 高值至"0"及 Z 高值至"15",点击 OK。

(4)再次点击添加液体来添加第二个液体区域。

(5)设置 X 低值至"1"及 Z 低值至"1.7",点击 OK。

（6）这两个液体区域,在时间为 0 时将液体放入网格。

在初始压力场下,选择 Z-方向静水压力。这将使 4 网格内所有液体在时间为 0 时假定一个静水压力分布,也将导致垂直压力边界保持静水压力(在此问题中,X 最小和 X 最大边界)。通过从顶部菜单选择工程/保存来保存工程,点击 OK。

从完成栏标点击预览以在预览模式下运行预处理。这将在网格中嵌入液体并创建可视结果。

通过选择分析栏标,然后在典型单选按钮下选择文件 prpgrf.weir 来查看初始条件,查看压力和液体部分图片以确保液体和压力分布正确。下一步,运行求解器。当对设置满意时,选择完成栏标并点击模拟来运行此问题,应在 1 min 内完成运行。当模拟完成,通过选择分析栏标并选择典型按钮来查看结果,然后选择文件。在这个运行中,一些选定的数据以相较标准重启数据更频繁的时间间隔存储。

查看在 Y 坐标最小值(通过堰中心,靠近对称平面)的 X-Z 平面的 2D 压力图。选择 2D 栏标,在选择 X-Z 平面并设定 Y 滑块最小和最大值前至最小值,在数据源组框下选择已选定单选按钮。然后点击渲染。

选择分析栏标以查看 3D 压力图。在数据源组框下选择已选定单选按钮。展开时间帧滑块以获取最大时间范围,点击渲染。

注意水流缓慢加速并从堰前侧向下滴流。在模拟最后,水流仍粘在堰体上。最终,由于流动不稳定,水流可能从堰体分离,如图 8-106 所示。现实中,当流动开始有许多动力学这里并未建模,例如门是打开的或水库高度增加。

8.9.4 添加额外的液体区域并初始化液体速度

将添加另一个液体区域,促使水流越过堰体而不是黏附其上。将在液体内初始化一个 X 速度以促使其溢出堰体而不是滴下。这些初始条件是物理的,这不太可能找到此状态的液体通过堰体。然而,对于此问题,目标是检查准稳态流,所以选择能使水流迅速达到那种状态的初始条件,如图 8-107 所示。

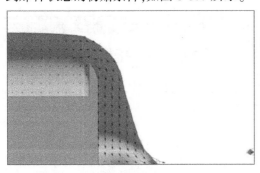

图 8-106　由于错误初始条件液体从堰体
向下滴流

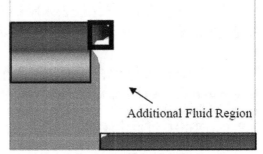

图 8-107　靠近堰体带额外液体区域的初始
液体结构的 2D 表达

选择模型设置/初始栏标。点击添加液体以添加一个液体区域,区域窗口将出现,一个矩形液体区域将被加至堰出口之上。

设置 X 低值为"0"，X 高值为"2.5"，Y 低值为"-5.0"，Y 高值为"5.0"，Z 低值为"13"，以及 Z 高值为"15"，如图 8-108 所示，点击 OK。

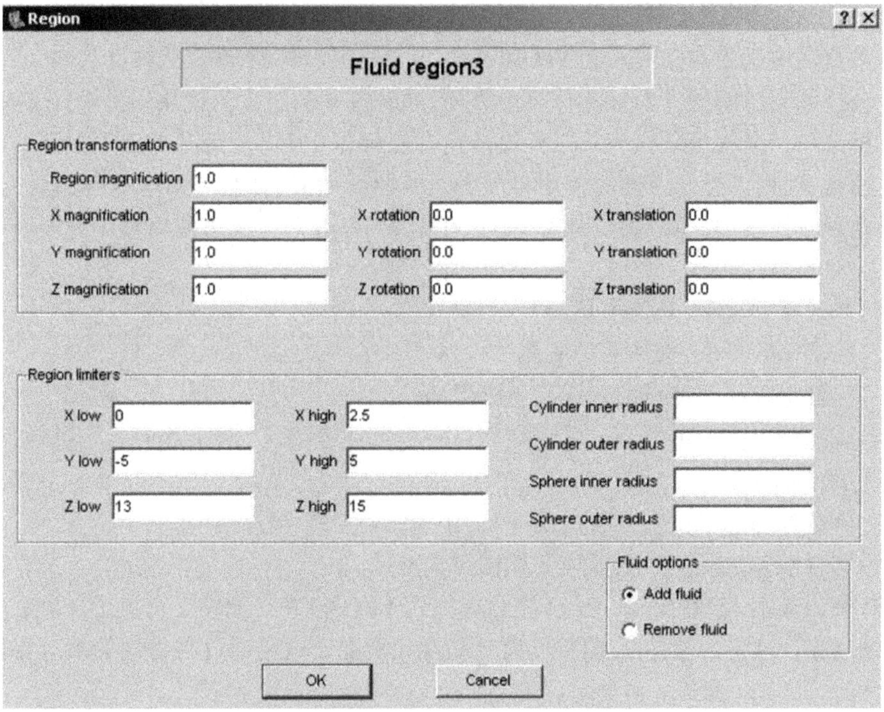

图 8-108　初始液体区域对话框

在液体初始状态下设置 U 速度(在 X 方向)为"20"，这将促使液体溢出堰体。

(1)修改标题，选择全局栏标，在说明部分的第一行，添加"3 子组件"至标题。

(2)使用新名称保存工程，从顶部菜单选择工程/保存为，将文件命名为 prepin.weir3，然后点击保存。

(3)选择完成栏标并点击预览以在预览模式下运行预处理器。

(4)通过选择分析栏标查看设置。点击打开结果文件按钮，然后在典型单选按钮下选择文件 prpgrf.weir3，点击 OK。

(5)选择 2D 图形。选择 X-Z 平面并设置 Y 极限滑块以包含整个区域，这将为所有 Y 平面创建 X-Z 图形，然后点击渲染并预览图形。

(6)选择 3D 图形，Iso-表面应被设置为液体部分，然后点击渲染并预览图形。

(7)运行处理器。当对设置满意时，选择完成栏标并点击模拟以运行问题，此问题应在 1 min 内完成运行。

(8)当模拟完成，通过点击打开结果文件按钮并选择典型单选按钮查看结果，然后选择文件 flsgrf.weir3。

(9)查看在最小 Y 坐标(这可能通过堰中心，靠近对称平面)的 X-Z 平面的 2D 视图。在数据源组框内选择已选定单选按钮。然后选择 X-Z 平面并设置最小和最大 Y 滑块至最小值，点击渲染。

（10）通过在绘图数据源组框选择已选定单选按钮来查看 3D 视图。

8.9.5　按两种液体问题运行

许多流体应用中有空气。在 FLOW-3D 中,空气对液体移动的影响可忽略,并以空隙代替。液体和空隙间的界面被称作自由表面,同时流动被定义为使用一种液体,清晰界面追踪建模选项。空气也可作为第二种液体包含在模拟中,此种情况下必须激活两种液体模型。通常,使用者想知道何时使用自由表面模型(一种液体具有清晰界面追踪)以及何时需要两种液体模型(也模拟气体移动)。在本节中,将空气包含在模型中并查看会发生什么。

（1）修改流型选项,选择模型设置/全局栏标。

（2）在液体数量下,选择两种液体。

（3）界面追踪将保持自由表面或清晰界面。

（4）流型将保持不可压缩。尽管空气是一种可压缩液体,对于此问题马赫数低,因此不可压缩的假设有效。

（5）修改标题。在说明部分的第一行,添加"含空气"至标题中。

（6）选择液体栏标。将为液体 2 加载空气特性。

（7）突出显示 15 ℃/CGS 空气(注意单位列于右侧)并在液体 2 下点击加载。为 CGS 单位点击 OK。这将为液体 2,即空气设定黏性和密度。这可通过在特性树展开黏性和密度来检查。

（8）用一个新名字保存工程。从顶部菜单选择工程/保存为。将文件命名为 prepin.weirAir。

（9）通过选择完成栏标并点击模拟来运行求解器问题。此问题应在 2 min 内完成运行。

（10）查看结果。选择完成栏标,当模拟完成,通过点击结果并选择典型单选按钮来查看结果。然后选择文件 flsgrf.weirAir。

（11）查看在最小 Y 坐标(通过堰中心,靠近对称平面)X-Z 平面的 2D 视图。在选择X-Z 平面前设置数据源为已选定并设定最小和最大 Y 极限滑块至最小值。设置等高图变量为液体部分,然后点击渲染,如图 8-109 所示。

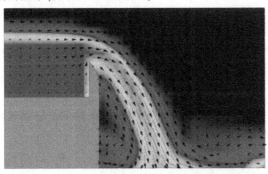

图 8-109　使用液体部分的液体流渲染的 2D 表达

这些图片的颜色表示每个网格内的水的部分。补体是空气部分,注意在空气和水交界部分有扩散并且水被移至空气中,空气中也有较高的速度。

这些结果并非物理真实的。这里的主要问题是在每个网格面只计算一个速度(混合)。在现实中,由于空气和水的密度相差巨大,则在空气和水的速度之间存在显著差异。当两种液体的密度差异显著时,也就是说大致超过10倍,此混合速度可能不足以代表流动,因为同一网格内每种液体的速度相差很大。结果,在液体之间的滑动类型并未精确模拟,这可能导致不准确的液体界面移动。

底线是当两种液体差异量巨大时,两种液体模型不够准确(对许多其他计算流体动力学程序包,这是自由表面问题建模的唯一方法)。为精确模拟自由表面问题,FLOW-3D使用一个真实液体体积(VOF)方法,其可适当地移动液体(此例中,水),保持清晰界面,并且不计算空隙区域(空气)的动力学。

8.9.6　模拟一个现实中两种液体问题

在本部分,将对一个左侧含油且右侧含水的 L 型罐体进行建模。在两部分罐体间有一个孔,则一般更重的水将替代油。对于此问题,整个罐体建模(并不仅后半部分),所以所有的边界已设定为壁面边界。罐体范围从 $-15 < X < 20$、$-10 < Y < 10$, 和 $0 < Z < 18$。从 $-0.1 < X < 1$ 为两个半罐仓分割器,如图 8-110 所示。

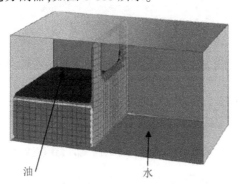

油　　　　水

图 8-110　初始液体结构的 3D 视图

从主菜单选择工程/打开并选择文件 prepin.tank。

在液体数量下,选择两种液体。

因为水和油是不相混的,所以界面追踪将保持自由表面或清晰界面。如果有可混合液体,可选择没有清晰界面,流型将保持为不可压缩。

8.9.7　网格中初始化液体

液体1(水)描述为液体部分的单位值,亦即 $F = 1$, 而补体部分, $F = 0$, 表示液体 2(油)。

选择初始栏标,点击添加液体来添加一个液体区域。

设置 X 低值为"1",然后点击 OK,如图 8-111 和图 8-112 所示。

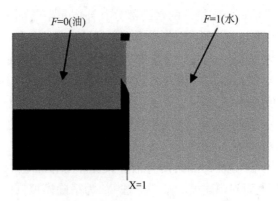

图 8-111　初始液体结构的 2D 视图

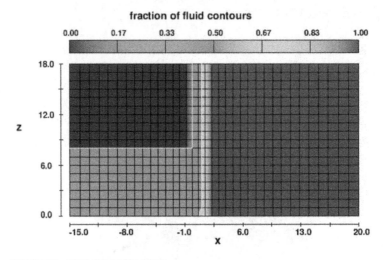

图 8-112　在 $t=0.0$ 时结果的 2D 视图

(1)添加油的特性(水的特性已包含),选择液体栏标。

(2)展开黏性分支并为液体 2(油)的黏性输入"0.28"。

(3)展开密度/液体 2 树并为密度输入"0.88"。

(4)通过从顶部菜单选择工程/保存。

(5)运行预处理。选择完成栏标,然后点击预览以便在预览模式下运行预处理器。

(6)查看初始条件。点击分析,在典型单选按钮下选择文件 prpgrf.tank,点击 OK。

(7)选择 2D 视图。设置等高图变量为液体部分,选择 X-Z 平面并设置 Y 极限滑块以包含整个区域,这将为所有 Y 平面创建 X-Z 图形,然后点击渲染并浏览图形。

(8)通过点击模拟以运行求解器,此问题应在 1 min 内完成运行。

(9)当模拟完成,通过选择分析按钮来并选择典型单选按钮查看结果。然后选择flsgrf.tank 文件。

(10)在 Y 坐标(通过罐体中心)中间的 X-Z 平面查看 2D 图形(如图 8-113 所示)。选择 X-Z 平面,然后在数据源组框选择已选定单选按钮。设置等高图变量为液体部分。

然后点击渲染。

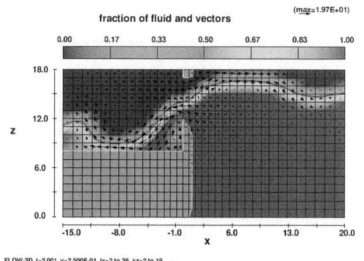

图 8-113　在 t=0.25 s 时结果的 2D 视图

8.10　练习 10

8.10.1　目标

　　本节是前面所有课程的总结。需要从头开始进行模型建立。也将学习如何设置一个非惯性参考系以模拟罐体内的液体晃动。液体在 X 方向承受地球重力场下与时间相关的加速度。将学习如何设置一个组件的指针以计算上面常规的和黏性力。最终,将看到在组件周围使用嵌套网格块对组件之上的力的影响。

　　启动 FLOW-3D 并通过从顶部菜单选择工程/新建来开始一个新工程。通过选择工程/保存为将此输入文件以 prepin.slosh 保存在目录\Class\Aerospace\Hands-On5。

　　将从全局栏标开始建模过程,并按照栏标顺序开始问题。对输入文件做一些修改以对罐体设定一个与时间相关加速度。

　　图 8-114 展示了罐体将承受的与时间相关的加速度的剖面。在这个模拟中将使用一个相同的几何体,即球状罐体,带一个柱状进口。然而,将在罐体中心放置一个圆柱体组件,将用于模拟罐体中的一些标尺。圆柱形组件的尺寸为直径 0.5 m,高度 5 m。然后将计算组件上的常规和黏性力。指定 20 ℃的水作为液体。

8.10.2　全局

　　本问题中正模拟一种带自由表面或清晰界面的无压流液体。此模拟运行 12 s,所以完成时间为 12 s,在全局栏标内输入以上参数。

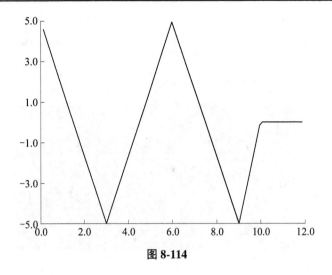

图 8-114

8.10.3 物理

由于将通过输入文件给定加速度值,并没有重力模型,但可打开黏性和紊流模型。

8.10.4 液体

在此模拟中将使用水作为的液体。由于水的特性 20 ℃ 已存在于液体数据库,在 SI 单位下加载这些特性,通过选择水在 20/SI 并点击加载液体 1,选择 SI 单位。

8.10.5 几何体

前文已经对导入 STL 文件熟悉。将使用与之前课程使用的相同的 STL 文件。此文件在 class\Aerospace\Hands-on5\tank.stl 目录下,使用子组件/几何体文件命令导入 STL。这将为此模拟的组件 1。点击 OK,将其设置为补体。

在罐体中间的标尺应使用 FLOW-3D 基元建模为组件 2。使用子组件/圆柱命令创建另一个组件。给定出口直径为"0.5"个单位并使其有 Z="7"延伸至"12"。记住从下拉框中选择"新组件 2"。在 X 方向和 Y 方向各平移目标 10 个单位。调节透明滑块以查看其在罐体内的情况。

8.10.6 网格

也对网格化此几何体熟悉了。对计算区域使用以下尺寸。使用自动网格选项在所有方向,X、Y 和 Z,以网格尺寸 0.6 对计算区域网格化,见表 8-3。

表 8-3 网格块尺寸

X	4.95～15.05
Y	4.95～15.05
Z	0.5～15.05

表 8-3 为计算组件上的力,将在其周围创建嵌套网格块。嵌套网格块通常包含比用于整个计算区域网格块更细的网格。这样,在嵌套网格区可使用嵌套网格更好地模拟流动并且可以以更精确的方式计算嵌套块内不同参数的变化。由于嵌套块应本质上包围组件,使用以下尺寸的嵌套块,见表 8-4。

表 8-4 　　　　　　　　　　　　　　　　网格块尺寸

X	9.4~10.6
Y	9.4~10.6
Z	6.9~12.1

表 8-4 突出显示块 1 并右键点击以选择添加。添加一个新网格块并为 X,Y 和 Z 方向输入表格 2 中尺寸。使用自动网格命令以在 X、Y 和 Z 方向设置网格尺寸为"0.2"。

8.10.7　边界

罐体在所有方向均隔热,以防止在液体晃动过程中有液体流过它。或者可指定对称边界条件或者壁面边界条件,但是只要壁面剪切不影响本次模拟结果,在主网格所有方向指定对称边界条件。嵌套块的边界条件自动从主网格信息中指定。

8.10.8　初始

在模拟之初罐体半满。在之前课程中,在模拟开始时学习了如何添加液体进入计算区域。在初始栏标下使用添加液体从 Z = "0" 至 Z = "10"。在 X 和 Y 方向的尺寸自动设置为几何体尺寸。点击 OK。

8.10.9　非惯性参考系

这暗示了需考虑系统承受加速度。非惯性参考系模型可用于液体承受与时间相关移动的模拟。在本例中液体承受如图 8-115 所示的与时间相关的加速度。为进行此步骤,在物理栏标下激活非惯性参考系。在加速度类型下选择表格输入,点击编辑并根据图 8-116 输入加速度数据。

输入的数值给出了系统在所有方向的加速度值为 0、3、6、9、10 s。文件也指定了没有角加速度或脉冲运动。

8.10.10　组件上的力

已经探讨了如何使用力的窗口计算组件上的力。在本模拟中,将使用力学窗口计算放置在罐体中心的组件上的力。使用力学窗口,既计算组件上的压力也计算黏性剪力。在 & 图形名单下添加如下行,以设置包括组件的力学窗口。

nwinf = 1

xf1(1) = 9.4, xf2(1) = 10.6, yf1(1) = 9.4, yf2(1) = 10.6, zf1(1) = 6.9, zf2(1) = 12.1,

如果想计算组件上的压力,那么组件的指针可完成此工作。在本例中在组件上的黏

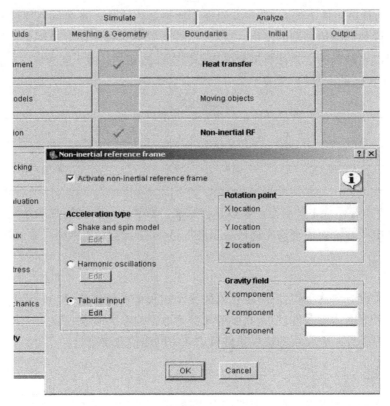

图 8-115

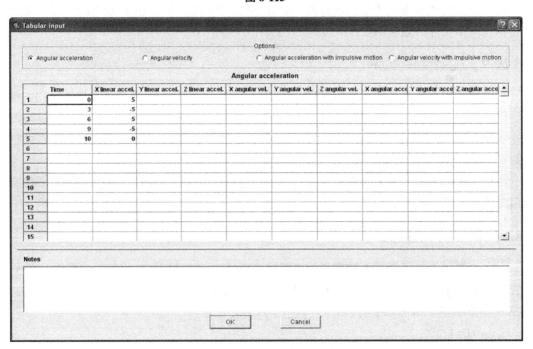

图 8-116

性剪力并未计算。为给组件创建指针,设置 ifrco(m)的值为"1"(m 代表组件编号,在的例子 2),在名单 &obs。

问题描述完成。下一步是模型设置,完成以及预览并查看网格分辨率和问题几何体。一旦几何体和网格已经确定,可启动求解器。选择完成栏标并点击模拟来运行模拟。一旦模拟完成,选择分析栏标并使用结果窗口查看结果。一些感兴趣参数,如随时间的压力和速度量级的 2D 和 3D 图形。

力学窗口的结果列于探索栏标下的总体历史。查看组件上的 X、Y 或 Z 向的力。记住这些力的值包括压力和黏性剪切力。

仅浏览组件上的压力,选择组件 2 压力数据。此数据已通过在输入文件中组件设定指针产生。

图 8-117 和 8-118 展示了预期的在组件上 X 方向随时间的力的结果。

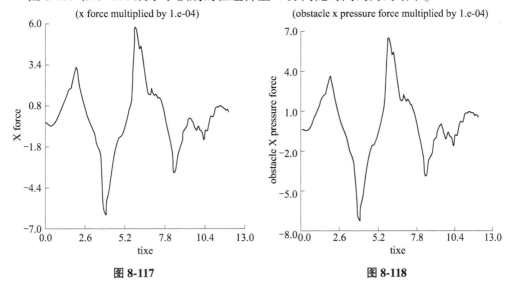

图 8-117   图 8-118

8.11   练习 11

8.11.1   问题描述

重力倾倒浇筑由一个倾倒盆、一个浇筑口和一段流道组成,其构成本加注模拟的基础。在倾倒过程中,流体通过浇筑口下落随后进入盆状几何体。温度随着流体流过模具以及表面缺陷密度变化,表面缺陷密度可通过氧化物浓度的增加和移动来追踪,以上构成了本模拟的两个变量。

翻译成 FLOW-3D 术语,本问题为一个自由表面、一种流体、无压流、使用物理模型,例如凝固、热传导、重力缺陷追踪和紊流的模拟。

8.11.2 目标

在本练习中,将尝试不同的 FLOW-3D 物理模型。重启模拟以计算凝固,并从模拟中导出数据以分析结果的经验。

首先,使用与之前实操课相同的几何体,假设此过程为砂型铸造。

启动 FLOW-3D。从顶部菜单选择工程/打开并在 class/casting/handson5 目录打开工程文件 prepin.h5。此工程文件已有网格,固体几何体以及指定的边界条件。网格已被改变为三个多块网格,将为处理多块问题中提供一些方便。

8.11.3 全局选项

选择全局栏标,如有必要,演示全局模拟参数。设置完成时间和完成条件。假设加注时间约 0.5 s,设置完成时间至"0.5",如图 8-119 所示。

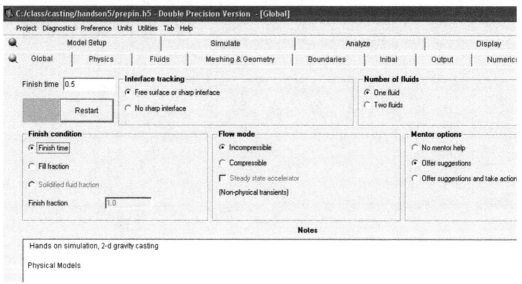

图 8-119 全局面板

下一步,改变完成条件。完成条件允许使用者确定模拟结束的状态。在到达完成时间时,FLOW-3D 终止模拟。或者,可以设置一个选项以便 FLOW-3D 追踪网格中的空体积并在模型注满后终止求解。充填率作为完成条件。如果未设置充填率为完成条件并高估加注时间,当空洞满时使用指定速度边界条件,则求解器可能有数字的问题。结果将多次压力收敛失败,因为求解器可能在模型中有更多的液体,但由于模型是满的而无法加注。因此,求解器可能过早的结束。充填率作为完成条件,可使求解器在模型加满后结束。在完成条件下选择充填率,默认充填率设置为 1.0,这将使几何体 100%加注,如图 8-120 所示。

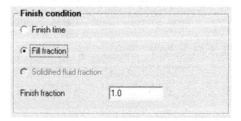

图 8-120 完成条件组框

8.11.4 物理模型

一个常规砂型铸造可能需要或建议的物理模型见表 8-5。表格中也包含关于简短总结的模型激活原因。

表 8-5 砂型铸造物理模型

模型名称	目的
黏性	计算壁面剪切力和紊流混合
能量方程(液体中热量转移)	在金属中计算温度
组件中热量转移和传导	计算砂模和模具中液体的热量交换
重力	计算重力加速度
凝固	模拟加注过程中金属凝固
表面缺陷追踪	记录氧化物相对浓度已经氧化物相关缺陷的可能位置

物理模型位于物理面板。如果仍未激活,选择物理栏标,如图 8-121 所示。

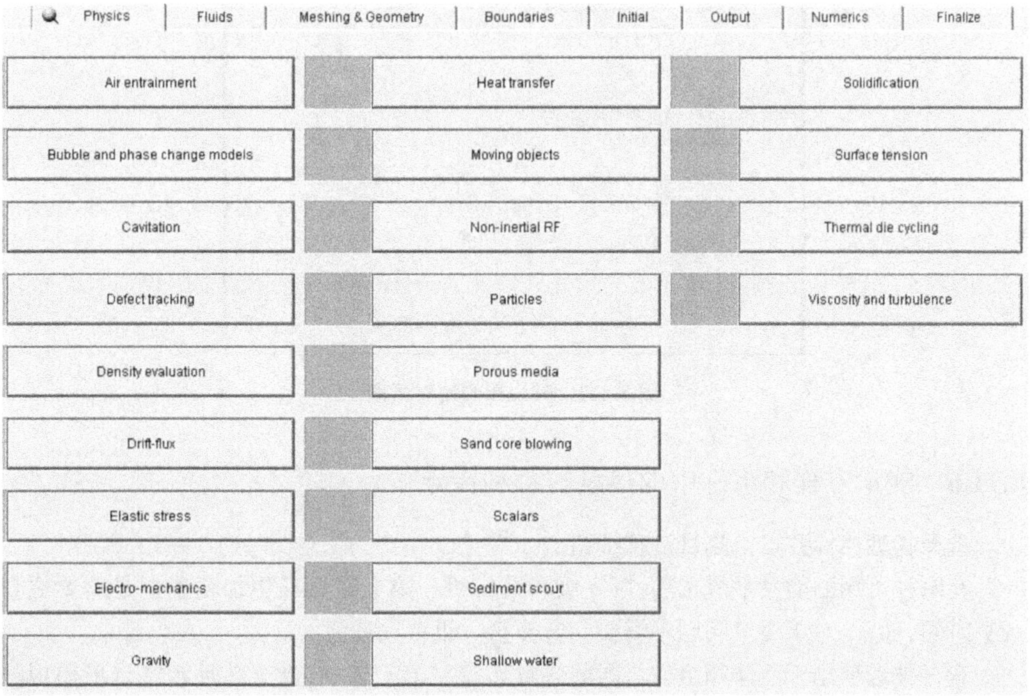

图 8-121 物理面板

8.11.5 黏性模型

为激活黏性模型,点击黏性和紊流按钮,出现黏性和紊流面板。首先,检查牛顿黏性检查框,可选择层流或紊流。倾倒金属进入浇筑口常常在浇筑口内形成紊流。紊流的混乱本质使其很难为工业问题模拟。因此,紊流模式被用于近似紊流。在 FLOW-3D 中有一系列稳流模型。

黏性和紊流面板如图 8-122 所示。重整化组(RNG)模型具有最佳的稳健性、精确性和使用便利性。选择重整化(RNG)模型单选按钮,点击 OK。

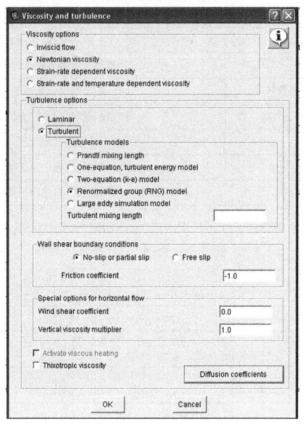

图 8-122   黏性和紊流对话框

8.11.6   能量方程和组件中的热量转移和传导

选择物理栏标并点击热量转移按钮。

有两种可用的能量平流选项,第一级和第二级。第二级选项更加精确但是需要更长计算时间,通常,对于浇筑问题不需要。选择第一级单选按钮。

有三种选项用于液体和组件之间的热量转移。第一选项,没有热量转移选项模拟隔热固体,也就是说从液体至固体没有能量转移;第二选项,热量转移(集中的固体温度)提供从液体至常温固体的能量转移。对于砂型铸造,通常加注时间长并且砂的温度将相应改变。因此,选择第三选项,求解固体中的全能量方程,点击 OK,如图 8-123 所示。

8.11.7   重力模型

通过点击重力按钮激活重力。对所有 3 个坐标方向指定重力。通常,重力仅指定为

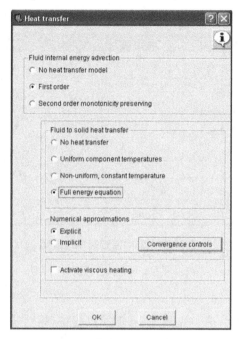

图 8-123　热量转移对话框

一个(上-下)方向,但是如果因某些原因模具是倾斜的,则多余一个方向将有值。

此模型导向 Z 方向,Z 轴正向朝上。在 CGS 单位中,地球表面重力加速度是 $980\ \mathrm{cm/s^2}$。只要重力作用向下,重力值为负值。在 Z 方向重力组件编辑框中输入“-980.0”。点击 OK,如图 8-124 所示。

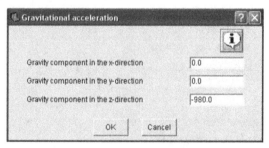

图 8-124　重力加速度对话框

8.11.8　自由表面缺陷追踪

表面缺陷追踪模型记录一定体积液体暴露出空气的相对时间。可暗示熔体前端的氧化物形成水平,结果可用于预测氧化物相关的缺陷位置。

为激活自由表面缺陷追踪模型,选择物理栏标并点击缺陷追踪按钮。检查追踪自由表面和/或消失模缺陷检查框以激活缺陷追踪。

金属前端产生氧化物或其他缺陷材料的速率仍未通过试验测定。因此,如果小心按试验数据校准,模拟泡沫残渣产生率仅代表真实的氧化物浓度。为此,对比率可能使用任何数。结果则被解译为相对氧化物浓度。点击 OK，如图 8-125 所示。

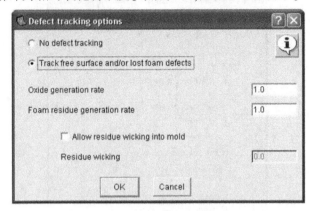

图 8-125　缺陷追踪选项对话框

8.11.9　凝固

最终激活模型是凝固。在砂型铸造中，加注过程中，熔化物失去相应热量，并且可能在浇筑满前凝固。为反映在模拟过程中可能性，必须激活凝固模型。

为此，选择物理栏标并点击凝固按钮。为模拟无收缩凝固，检查激活凝固检查框，点击 OK，如图 8-126 所示。

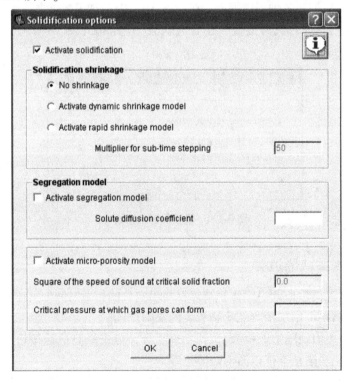

图 8-126　凝固选项对话框

8.11.10 液体特性

然后,加载液体(液体金属)特性。选择液体栏标,从液体数据库列表中选择 Al356, Al-Si 合金,Auburn Univ. dat ┃ si。点击加载液体1,选择 CGS 单位,展开凝固特性分支,将固相和液相温度从开氏温度改为摄氏度(减去273)。

已准备好运行模拟。

从顶部菜单点击工程/保存,选择模型设置/完成并点击模拟。

8.11.11 结果

当模拟完成,选择分析栏标。选择典型单选按钮并选择 flsgrf.h5,出现分析面板,可查看以下几个结果。

首先,确保所有网格块在结果中演示。按照默认,仅有块1被展示。点击网格块按钮,并选择所有3个网格块。

查看模拟液体温度。从等高图变量下拉框下的 2D 栏标,选择温度。点击渲染。展示液体金属温度颜色的等高图列表出现了。对于砂型浇筑(部件较小)加注非常快并且温度并不下降至理想温度 611 ℃。因此,在加注中不会发生凝固。温度图如图 8-127 所示。

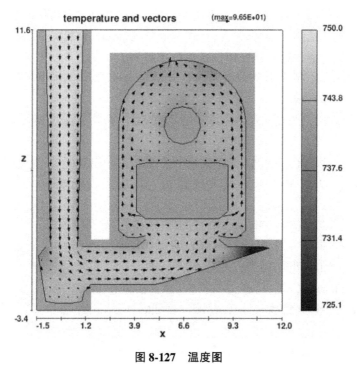

图 8-127　温度图

8.11.12 自由表面缺陷浓度

选择表面缺陷浓度作为等高图变量,点击渲染。

检查图形。浓度代表金属表面的相对氧化物形成，从色阶发现浓度随时间增长。正如预期，缺陷终止于靠近工件的顶部，位于对称线的一侧。在部件顶部的竖板可能帮助缺陷浓度流出部件。

8.11.13　传热系数

随后看一下传热系数。

选择有效传热系数作为等高图变量。点击渲染。

产生的图形表示了在金属和模具之间传热系数的等高线值。该值通过模拟过程中求解器计算。

检查 $t=0.35$ s 的图形。最大传热系数约为 2.64×10^6，尽管在大部分区域传热系数较低。大部分区域的平均值约 6×10^5。

说明：液体和模具之间的传热系数未指定，所以其依靠求解器计算。或者，其也可被使用者指定。

假设模具有一层涂层可提高热能传导。试验显示涂层导致热能传导增加约 20%。为模拟涂层，可增加模具表面的表面粗糙度。

（1）选择模型设置/网格 & 几何体栏标。

（2）展开组件 1/表面特性分支。

（3）设置表面积乘数为"1.2"。这人工增加了模具的表面积以模拟粗糙度。

（4）从顶部菜单选择工程/保存为，并保存文件为 prepin.h5h。

（5）通过选择完成栏标并点击模拟来运行求解器。

一旦求解器完成，选择分析栏标，点击打开结果文件按钮，选择典型单选按钮并选择 flsgrf.h5h 文件。点击 OK。

选择温度为等高图变量并点击渲染。随浏览图片，可注意温度似乎并不是与之前的模拟大幅度不同。

将两个例子并排对比。为此，需要创建一个图形文件包含当前的温度图。首先，在控制面板选择文件按钮。然后点击创建，如图 8-128。

为新文件输入名字 temph5h.plt。选择图形，点击写入。图形文件被非常快地写入同时一个对话框出现表明操作结束。点击 OK 以关闭对话框。点击退出创建然后关闭。

打开之前的 flsgrf 文件。选择分析栏标，点击打开结果文件按钮，选择典型单选按钮并选择文件 flsgrf.h5。创建温度等高图，点击渲染。

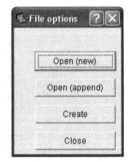

图 8-128　文件选项

需要打开 temph5h.plt 文件以从第二个模拟中读入图形。从控制面板菜单，点击文件。点击打开(增加)。一个文件对话框打开。可输入"temph5h.plt"或使用筛选来仅显示 * .plt 文件，然后选择 emph5h.plt，文件中图形被加入控制面板列表。

为开启可以同时演示多张图形的演示模式，在控制面板选择多个作为演示模式。随着点击不同图片，它们一起在屏幕上演示。最多可同时演示 4 张图形，按点击的顺序演示,首先填入顶部行,然后底部行。

　　依靠细心选择,可以并排地演示相同时间、不同模拟的温度等高图。如图 8-129 所示,左侧图形来自初始运行,而右侧来自加强热能传导运行。

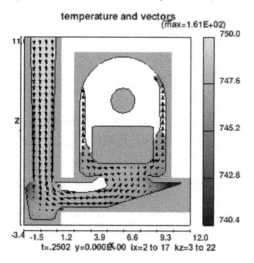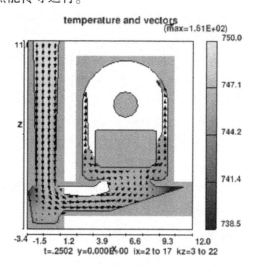

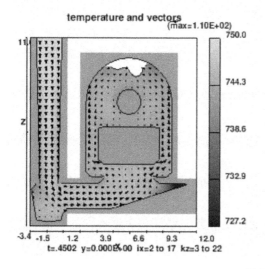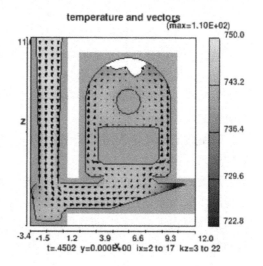

图 8-129

　　加强热能传导并未显著改变金属温度。尽管液体失去 20% 以上的能量至模具表面,并没有足够时间影响固体温度。

　　另外,运行是二维的,缺乏第三维度的热能传导极大地减少了温度变化。

　　从不同模拟的加注结果。左侧图形显示的是没有热能传导阻碍。右侧图形显示的是具有增强热能传导阻碍。

8.11.14　三维模拟

　　(1)修改模拟使之为三维的。选择工程/打开来加载 prepin.h5 输入文件。

（2）选择网格 & 几何体栏标,展开块 1 分支,延伸 Y 方向的尺寸从−2.0~+2.0。

（3）为 Y 方向激活自动网格并设置网格尺寸为 0.5。

（4）为网格块 2 和 3 重复这些步骤。

三维实例需加注更多体积,因此模拟将消耗更长时间。可以改变边界条件来更快加注并延长运行时间。

为延长运行时间,选择全局栏标并改变完成时间至 1.0 s。

改变边界条件,选择模型设置/边界栏标。确保网格块 1 选定(由于浇筑口包含在块 1)。

选择 Z 最大栏标。如果想改变此边界的压力,点击压力按钮,检查与时间相关的压力,将时间列的值从"0.4"改为"0.7"。这将延伸压力应用时间。记住敲回车键,点击 OK,关闭 Z 最大边界面板。

选择工程/保存为,并保存文件为 prepin.h5a,选择模型设置/完成并点击模拟。三维模拟将消耗比之前模拟长几分钟的时间。

8.11.15 结果可视化

既然有 3D 结果,看一下 3D 图形。

选择分析栏标,点击打开结果文件按钮,选择典型单选按钮并选择文件 flsgrf.h5a。

Iso-表面变量被设定为液体部分。这代表了液体金属表面。目前不改变这个变量。

颜色变量以选定变量等高线覆盖在液体 Iso-表面。压力是默认覆盖变量。暂时,看一下温度。选择温度为颜色变量。

为所有 3 个网格块内可视化结果,点击网格块并选择所有 3 个网格块。点击 OK,然后点击渲染。

以温度着色液体表面出现在主窗口。在主窗口上面是几个控制。目标移动箭头移动物体进入视窗。

放大按钮放大(+)或缩小(−)视图。为放大一个小区域也可使用橡胶变焦,通过点击橡胶变焦图标并在 3D 图形中选择感兴趣区域。

鼠标模式。当在窗口点击及拖曳鼠标时做什么。鼠标键具备 3 种不同的功能,如下所列:

（1）旋转−左键点击并拖曳旋转目标;

（2）移动−右键点击并拖曳移动目标;

（3）缩放−中间键点击并拖曳缩放视图。向上拖放大视图(目标变大)。向下拖缩小视图(目标变小)。

重置视图−重置视图为原始默认。

3D 视图标记为透视图。有 6 个 2D 视图,每个平面有两个视图。例如,X-Y 正视代表在 X-Y 平面目标的视图,且视图点为正无穷大。

查看如何将实际温度与颜色建立联系。如何知道颜色代表什么？可演示用于创建图片的色阶,通过从菜单点击查看并选择色阶。色阶将出现在右侧。温度从 709°变化至 750°。较短的加注时间和部件较厚的壁不给金属凝固的机会。

8.11.16 加注动画

可创建像电影一样播放的加注动画。为此,选择分析栏标。在 Iso 表面选项下,选择开放空间。确保温度仍然为颜色变化。滑动时间帧滑动条以便所有时间帧被选定。点击渲染。建立框架将消耗稍长时间。

当出现窗口时,目标为灰色,可用时间帧列出 10 个条目,每一个时间帧 1 个。

目标是灰色是因为看到的实际开放空间的 iso 表面。或者说,这是模具空腔本身。可以双击其他时间帧,但不会看到液体。模具空腔表面是模糊的。

需要使模具空腔为透明的。滑动透明度滑动条(在主窗口以上)大约至中间。

模具表面是透明的,并且除 $t=0$ 外所有时间帧,将看到空腔内的液体。重复点击下一步按钮,查看液体充填模具空腔。当准备好创建动画,点击 $t=0$ 时间帧。

从菜单选择工具/动画/全屏捕捉。系统将询问帧率和一个 AVI 文件名(如图 8-130 所示)。点击 OK 以接受默认。

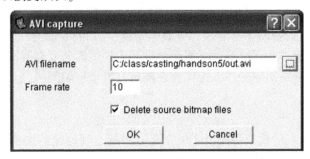

图 8-130 AVI 捕捉对话框

出现一条消息,点击 OK。

出现一个视频压缩对话框,点击 OK。

在 Windows 资源管理器并找到工作目录 Out.avi,双击它以运行。

8.11.17 凝固重启

尝试创立一个凝固重启,将为金属凝固提供更长时间,重启开始自加注模拟结果并计算凝固过程中的温度演化。

创立凝固重启,需作以下步骤:

(1)确定重启时间,在加注结束重启开始。这样,查看加注模拟并发现其何时结束。

(2)设定重启时间。选择模型设置/全局栏标,然后点击重启。点击激活重启选项。重启时间编辑框中输入"0.8604",点击 OK。

(3)自动重命名:出现一个对话框,询问重命名文件为 prepinr.h5a 是否 OK。这是 FLOW-3D 工程重启必要的,点击 OK。

(4)延长完成时间,给浇筑 400 s 来凝固,设定完成时间为"400"。

(5)改变完成条件。一旦浇筑在 400 s 之前凝固,允许 FLOW-3D 在那个时间结束。在完成条件组框内,选择凝固液体部分。

（6）在凝固过程中,假设没有液体出现在倾倒盆。为此,为块 1 选择边界栏标,点击 Z 最大,设定 F 部分（液体部分）至"0.0"。点击 OK。

一般模拟可能消耗很长时间达到 200 s。可激活一些捷径。选择数字栏标。

第一个捷径与热量传导有关,凝固过程将被热量传导控制,默认热量传导求解,要求相当小的时限。可以通过激活隐式热量传导来去除此限制,下一步至热量传导,选择隐式单选按钮。

最终,假设凝固过程中没有大范围液体移动。在液体流求解选项框中,选择使用零速度场,这个假设极大地缩短了运行模拟所需的 CPU 时间。

保存工程文件（工程/保存）然后通过选择完成栏标来运行求解器并点击模拟。

8.11.18　凝固结果

在二维下查看凝固结果是最简单的。首先看一下固体部分,选择分析栏标,选择典型单选按钮并选择 flsgrfr.h5a。

选择 2D 栏标,通过点击网格块按钮选择所有 3 个网格块。

选择 X-Z 平面,选择固体部分作为等高图变量（它是列表最后一个）。点击渲染。

金属首先在滑道右手部分开始凝固。然后从工件侧面和底部凝固并向顶部发展。工件底部在浇筑口完全凝固前凝固。这可能在浇筑口导致空隙问题,但一般并不考虑。

8.11.19　气泡

到目前为止,所有的模拟都假设通风完美。滞留空气迅速消失在砂型中且不影响液体流。可作些改变并模拟滞留空气进入浇筑。

在三维加注模型中需要做一些改变,加载 prepin.h5a,并保存为 prepin.h5b。

在浇筑中模拟滞留空气需要 5 个步骤。

步骤 1:激活气泡模型。将要使用的模型是绝热气泡模型。允许求解器追踪滞留空气的压力和体积,随着气泡体积减小,气泡内压力增加。

选择物理栏标,激活气泡模型,然后点击气泡和相变模型。选择绝热气泡。通过模型设置/液体栏标然后展开左侧的相变特性树来输入"1.4"作为伽马值,如图 8-131 所示。

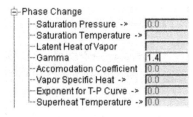

图 8-131

使用绝热气泡来代表一般气泡,模拟了常规的压力—体积关系。1.4 指定了空气的压力—体积关系特性。

步骤 2:初始化模具中压力,汽泡、绝热需要绝对压力值,而不是表压。选择初始栏标。在孔隙初始状态压力框中输入"$1.01×10^6$"。

步骤 3:改变边界的压力,边界压力也必须为绝对压力。

选择边界栏标。展开块 1,点击 Z 最大,点击压力按钮。

确保已核查与时间相关压力。在压力栏中对每个值添加"$1.01×10^6$"并将这些值输入网格。在时间栏中将值从 0.7 改为"1"。将延长压力施加的时间,在每个改变完成后点击回车,点击 OK 返回到边界面板。

步骤 4:浇筑需要一个通风口。否则,将绝对密封。进入的金属将轻微压缩其中的空气,当空气压力等于金属压力时,金属将停止流入空腔。

在工件顶部切出一个通风口。假设通风口且同浇筑的顶部并且它的尺寸为:

5.0<X<6.0;

-0.5<Y<0.5;

9.5<Z<10.5。

选择网格 & 几何体栏标。从演示窗口菜单选择子组件/框,如图 8-132 所示。

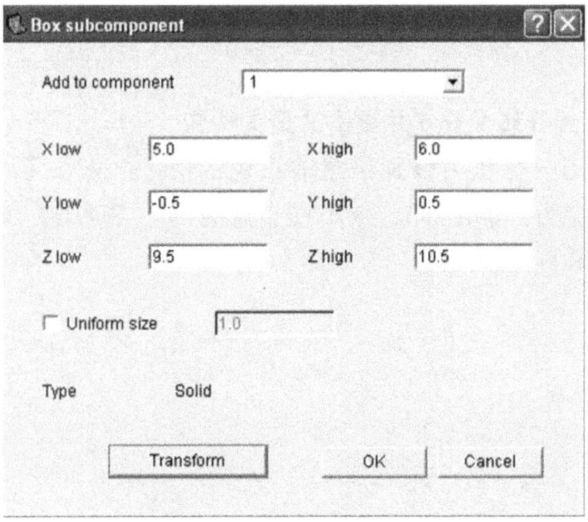

图 8-132 框子组件对话框

步骤 5:展开几何体树的组件 1/子组件 4 分支。将子组件 4 有固体改为孔。再次选择边界栏标。对通风口设定压力以作为边界条件。选择网格块 3,点击 Z 最大,设定边界类型为指定压力。设置压力为"1.01×10^6"。

设置液体部分为"0.0",这将使边界没有液体,点击 OK。

选择完成栏标并点击模拟。

在模拟运行后,选择分析栏标,选择典型单选按钮并选择 flsgrf.h5b 文件。压力值应平均约为 1.01×10^6 Pa。如果液体表面的压力接近零,则出错了。检查工程文件以确保完全按照上述步骤。

为查看滞留空气,设定求解器写入数据更加频发(每 0.025 s)。选择模型设置/输出栏标,在重启数据下的时间间隔中输入"0.025",如图 8-133 所示。

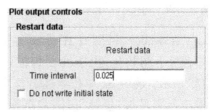

图 8-133 图形输出控制

通过选择完成栏标并点击模拟来运行求解器。

查看结果,查看 X-Z 平面压力的 2D 结果,可能看到一个气泡在靠近浇筑口和滑道连接处形成。

返回分析面板并选择表面缺陷浓度作为等高图变量。生成 2D 等高图。氧化物在液体表面产生并维持高浓度。气泡消失处的浓度很低并且出现被裹入该部分以上部分。有趣的是,上部层浓度值相当高。形成的停滞区阻止氧化物被推入通风口。可能的解决方法是使用更大的倾倒盆。倾倒高度将在较长的时间内保持较高。这保证了边界处的较高压力。

8.11.20　可选择练习

改变 prepin.h5b 的边界条件,在开始加注时将指定液体高度翻倍。

选择边界栏标。展开块 1 分支并点击 Z 最大按钮,点击压力按钮,替换第一行压力以翻倍之前指定的液体压力,开始时压力应为 1 046 750。减小在结束时的压力值大气压力,如图 8-134 所示。

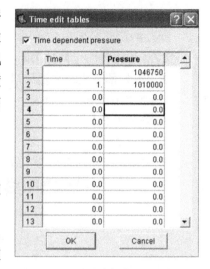

图 8-134　时间编辑表格对话框

8.12　练习 12

8.12.1　描述

在本节中,完成描述冲刷、紊流和浅层水物理模型的 3 种不同的问题。

8.12.2　目标

设置不同的物理模型,包括:
（1）如何设置冲刷问题;
（2）如何设置紊流;
（3）如何设置挡流板;
（4）如何设置颗粒;
（5）如何设置浅层水问题。

8.12.3　冲刷(问题 1)

在本部分,将模拟 2D 水流过窄堰。沉积物将在堰下初始化,由于冲刷将被侵蚀。如图 8-135 所示。将在 SI 单位下运行这个问题。冲刷模型预测平流,侵蚀,沉降和沉积物,例如砂堆积。沉积物可能是悬浮的,也可能是堆积的,同时将集中追踪两种类型的沉积物。

启动 FLOW-3D 并打开位于目录 Class/

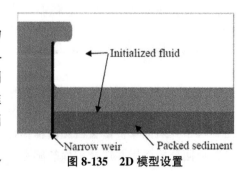

图 8-135　2D 模型设置

Hydraulics/HandsOn5 工程文件 prepin.scour。

阅读在线帮助中关于冲刷模型。从主菜单点击帮助并选择目录→理论→辅助模型→
沉积物冲刷模型。

右手面板将出现对于沉积物冲刷的描述。

检查已激活的物理模型,选择物理栏标。

点击黏性和紊流按钮。注意重整群(RNG)模型为活动的,点击 OK。重力也已被
选定。

下一步,将激活沉积物冲刷和指定参数(这里所有参数为典型砂的值)。

点击沉积物冲刷按钮。

点击激活沉积物冲刷框,如图 8-136 所示。

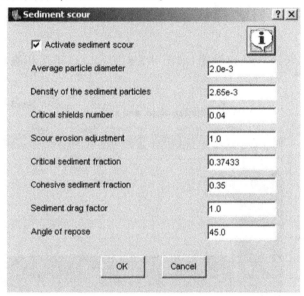

图 8-136　沉积物冲刷对话框

输入平均颗粒直径为"2.0×10^{-3}"。

输入沉积物颗粒密度为"2.65×10^3"(显微镜密度,非体积密度)。

输入临界屏蔽数为"0.04"(这与临界剪切压力相关,超过此值侵蚀发生)。

输入冲刷侵蚀调整为"1.0"(此模型对砂调整;该值让使用者加强沉积物侵蚀)。

输入临界含砂量为"0.37433"(临界堆积沉积物体积分数,超过此分数,沉积物将被
认为完全是堆积沉积物)。

输入黏性泥沙含量为"0.35"(超过此体积分数,沉积物开始影响液体黏性)。

输入泥沙阻力系数为"1.0"(此模型调整为砂颗粒,该值让使用者加强沉沉积物阻
力)。

输入休止角为"45"。

在输入冲刷参数后,沉积物冲刷对话框如图 8-136、图 8-137 所示,点击 OK。

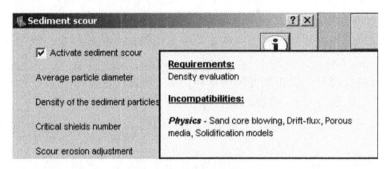

图 8-137 信息图标选定的沉积物冲刷对话框

8.12.4 液体中初始化沉积物

选择初始栏标。

注意 4 个液体区域已经初始化,如图 8-138 所示。堆积沉积物将在液体区域 2 初始化。

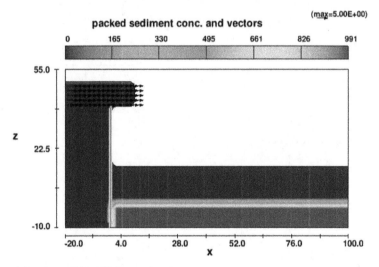

图 8-138 初始液体区域

展开液体区域 2/沉积物浓度分支。

输入堆积沉积物浓度为"991.9745",注意这里输入的单位是 kg/m³,并且是砂的显微镜密度乘以临界含砂量。

从顶部菜单选择工程/保存。

选择完成栏标并点击预览以便在预览模式下运行预处理器。

查看堆积沉积物是否正确初始化。选择分析栏标,选择典型单选按钮并选择文件 prpgrf.scour,选择 2D 栏标。在等高图变量下选择堆积沉积物浓度。然后点击渲染。查看图片以确保沉积物分布正确,如图 8-138 所示。

运行求解器。当对设置满意,选择完成栏标并点击模拟以运行问题。此问题将大约运行 2 min。

当模拟完成,通过选择分析栏标并选择典型单选按钮查看结果。然后选择文件 flsgrf. scour。

通过在等高图变量下点击堆积沉积物浓度,查看堆积沉积物浓度,然后点击渲染。如图 8-139 所示。

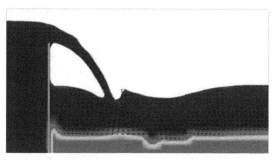

图 8-139　堆积沉积物浓度图

再次选择分析栏标。在等高图变量下通过选择悬浮沉积物浓度查看悬浮沉积物浓度。然后点击渲染。

通过在等高图变量下选择应变速率查看液体应变速率。然后点击渲染。

查看体积密度图。在等高图变量下选择显微镜密度,然后点击渲染。

8.12.5　紊流(问题 2)

本问题的目的是模拟一个紊流限制流通过 3 根二维管,并在管中插入颗粒以查看他们通过管道。然后将创建挡流板以计算通过每根管的流速,如图 8-140 所示。

左侧管有一个圆形进口和圆形角。中间的管有一个圆形进口及方形角。右侧管有一个方形进口和方形角。

在本问题中将在管内插入一些颗粒并查看他们通过管道或在转角被挡住。也将创建 3 个挡流板(每根管一个),给定通过每根管的流速。最终,将在无紊流下运行此问题以便对比的结果。

图 8-140　2D 模型设置

打开位于 Class/Hydraulics/HandsOn5 目录的工程文件 prepin.turbulence,此文件有一系列对其他课程已包括的材料、已设定的选项。

阅读关于紊流模型,点击右上角的帮助,然后选择目录→选择理论→然后辅助模型→点击紊流模型,其将演示许多关于在右手面板内紊流模型的信息。可能想在设置模型时保持帮助打开。

查看全局选项,选择全局栏标。

注意已经在之前激活没有清晰界面、不可压缩并且为单一液体。这些选项一起指定了一个限制流问题。

通过选择物理栏标设定物理模型。

点击黏性和紊流按钮,然后在黏性选项下选择牛顿黏性,在紊流选项下选择紊流,选择重整群(RNG)模型,并点击 OK。

设定液体特性,选择液体栏标,将从液体数据库加载 SI 单位下 20 ℃的水的特性。

选择单位并点击模拟单位,然后在结果设置工程单位窗口中选择 SI。

突出显示 20 水/SI 并点击加载液体 1。这可通过在特性树展开黏性和密度分支来核对。

在本问题中,寻求一个稳定态解。FLOW-3D 设置为随时间发展。因此,将运行 FLOW-3D 直至达到稳定态。过程中不考虑瞬变,所以可以使用非物理瞬变以更快地达到稳定态。

为在每个时间步骤没有迭代到满意的收敛下更快达到稳定态,已添加一些人工压缩性。

展开压缩性分支并注意液体 1 的压缩性已被设置为 1.0×10^{-11}。当选择一个人工压缩性以允许计算更快达到稳定态时,压缩性应被设置为密度乘以速度的平方的倒数($1/\rho v^2$),此处选定速度至少为最大预期液体速度的 10 倍。

8.12.6　设定边界条件

选择边界栏标。

对此问题,底部和顶部边界,Z 最小和 Z 最大,将被设定为指定压力边界。其余 4 个边界—左侧、右侧、前侧和后侧,由于他们不会影响流动,所以将按对称边界对待。

沿着管道的压力变化需要倾斜提升,因为如果压力差突然加至静止液体,FLOW-3D 将出现迭代问题。这是因为它不是一个物理流体初始化。顶部边界压力将被设定为零(仪器测量压力),同时底部压力将被设定为 200.0 Pa。

展开网格边界和块 1 分支,点击 Z 最大按钮并为该边界选择指定压力单选按钮,设置压力为"0.0",点击 OK。

点击 Z 最小按钮并为该边界选择指定压力单选按钮。点击压力按钮以设置增加压力表格然后检查"与时间相关压力"。在时间编辑框内输入"0.0"和"0.01"。点击 OK。然后通过,再次点击 OK,关闭 Z 最小边界面板。

8.12.7　在管道内添加颗粒

选择物理栏标。

点击颗粒按钮。然后点击添加块。设置 X 低值至"−6",X 高值至"12"及 Z 低值为"4"来初始管道内的颗粒(不需要 Y 方向的尺寸是因为此问题是 2D 的)。

在颗粒间距下,设置 X 方向数量至"100",Y 方向数量至"1"以及 Z 方向数量为"100"。这将创建一个 100×100 的颗粒块。然而,固体内颗粒将被删除,仅有管道内的颗粒被保留。

点击 OK 以关闭颗粒块选项面板,然后再次点击 OK 以关闭颗粒窗口。

8.12.8 添加挡流板

流速不再通过力的窗口边界计算。添加挡流板将创建通过管道的流速输出。目前,已经通过使用图形界面和直接编辑普勒潘(prepin)完成文件输入。从主菜单点击帮助/目录,获得挡流板输入变量的信息。

选择输入变量汇总,然后挡流板设置(BF)。

从主菜单选择使用/文本编辑器,使用文本编辑器编辑输入文件。如果询问保存工程文件,点击是的。

下滚至 &bf,需要在 &bf 和随后行 &end 之间插入文本。必须添加的行描述如下,修改 &bf 名单部分在图 8-141 中。

添加"nbafs = 3"表明将有 3 个挡流板。在每一个变量输入后必须有一个逗号。

为每个管添加 X 低值和 X 高值挡流板坐标,以及 Z 坐标。

每个挡板的 X 低值坐标通过阵列 bxl(n)指定;X 高值坐标通过阵列 bxh(n)指定;而 Z 坐标通过阵列 bz(n)指定,这里 n 指的是挡流板数量。

所有 3 个挡流板将有一个 Z 坐标为 16,这是管道的低端。

左侧管 X 范围为 X 低值 = −1,X 高值 = 3。中间管 X 范围为 X 低值 = 4,X 高值 = 8,而右侧管 X 范围为 X 低值 = 9,X 高值 = 13。

建议为每个挡流板添加标题时使用变量 fptitl(n)。建议标题如图 8-142 所示。

```
$bf
nbafs=3.
ifbaf(1)=1.. ifbaf(2)=1.. ifbaf(3)=1..
fptitl(1)='rounded corner and inlet'.
fptitl(2)='middle'.
fptitl(3)='sharp corner and inlet'.
ifrcbf=1.
bz(1)=16.. bz(2)=16.. bz(3)=16..
bxl(1)=-1.. bxh(1)=3..
bxl(2)=4.. bxh(2)=8..
bxl(3)=9.. bxh(3)=13..
pbaf(1)=1.0. pbaf(2)=1.0.    pbaf(3)=1.0
$end
```

图 8-141 挡流板名单

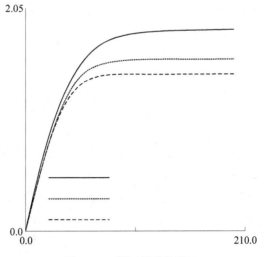

图 8-142 通过管道的流速

选择完成栏标并点击预览以在预览模式下运行预处理器。

检查设置。选择分析栏标,然后在已有单选按钮下选择文件 prpplt.turbulence。浏览图片。确保管道导入正确并且底部压力相对时间的图也是正确的。

运行求解器。当你对设置满意时,选择完成栏标并点击模拟已运行问题。此问题应运行少于 3 min。

当模拟完成,通过选择分析栏标并选择已有单选按钮来查看结果。然后选择文件 flsplt.turbulence。

浏览已有的各种图形。密切注意在接近列表完成的预估平均动能和平均紊流能量图形。当问题为稳定态时,这两个值应为常数。

在图片列表早些的图形是挡流板计算的结果(鉴定为区域 1、区域 2 和区域 3)。

在覆盖模式下使用绘图程序包(从下拉框选择覆盖)以对比三个管道内的流速。对比如图 8-143 所示。正如预期的,带有圆转角和圆进口的管道内,流速最高,而带有方形进口和转角的管道内流速最低。

选择分析栏标并选择 flsgrf.turbulence。为查看 2D 颗粒图形,设置向量类型为无向量,颗粒类型为普通。然后点击渲染。图 8-143 中图片展示了与颗粒一起的速度两级等高图。注意尖角如何影响流动并在中间和右侧管内捕捉颗粒。

根据喜好浏览其他图片。

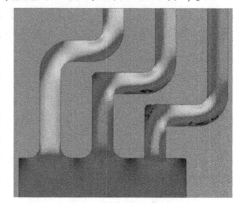

图 8-143 颗粒图形

8.12.9 关于紊流的评论

总体上,在非常低强度的紊流区域,数字紊流模型效果不佳。因此,当将要使用一个紊流模型时,确定流动的确是紊流非常重要。对本问题,稳定状态下通过管道的自由流速度大约为 0.4 m/s。可以计算在管道顶部出口的雷诺数。

$$Re = U_o X/V$$

式中,X 为管道长度。

对 U_o 取值 0.4 m/s,管道长度 $X = 18$ m,并使用水的黏性($v = 1.0 \times 10^{-6}$)计算出雷诺数为 7.2×10^6。

当模拟紊流时,非常重要的一点是紊流边界层应小于壁部网格尺寸,由于 FLOW-3D 在靠近壁时使用壁定律速度剖面假设。壁定律假设仅应用于靠近壁的网格,也就意味着紊流边界层必须在这些网格内。因此,在靠近壁处使用太小的网格尺寸将产生错误结果,如图 8-144 所示。

使用公式能计算出最大紊流边界层厚度(使用平板假设):

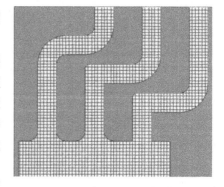

图 8-144 网格 & 几何体设置

$$\delta_t = 0.37 \cdot X/Re^{1/5}$$

式中,X 为紊流前缘的距离。对此计算,将使用 X 值为 18 m。

对此问题,计算 $\delta_t = 0.28$,这小于壁部的网格尺寸,即 0.3 m。注意对于管道的顺直剖面,网格沿壁排列以便利用网格尺寸布置紊流边界层。

对于一些问题,使用公式计算局部剪切应力有用:

$$\tau_o = c_f \cdot \rho \cdot U_o^2/2$$

式中,$c_f = 0.058/Re^{1/5}$,对此管道,计算 $c_f = 2.5\times10^{-3}$,$\tau_o = 0.197$。可以计算剪切速度 $\mu*$,使用公式:$\mu* = (\tau_o/\rho)^{1/2}$,此处为 4.1×10^{-2}。

层流边界层 δ'_l 可使用下面公式计算:$\delta'_l = 5\nu/\mu*$,对此问题为 3.6×10^{-4}。

8.12.10   浅水(问题 3)

在本部分,将使用浅水模型模拟一个大坝决口。如图 8-145、图 8-146。浅水流是指水平流范围远大于垂直流范围的水流。例子包括海洋、大河口、季节洪水、液态涂料、润滑膜和汽车挡风玻璃的水。

图 8-145   模型设置 1

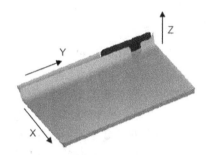
图 8-146   模型设置 2

如果水流足够浅,那么可忽略垂直加速度,用垂直方向平均值替换所有水流变量是一个好的近似。结果,深度平均,三维运动方程变为了代表水平面的二维方程。顶部液体表面不会产生波浪现象。不均一水平边界,例如,一个倾斜的海滩,可能也从一个纯水平流中产生小的差异。从这个意义上来说深度平均近似仍包含一些三维效果。

液体可能进入干旱区域或从之前的潮湿区域撤回。非线性波浪及弱水跃可能被模拟。然而,对于可精确模拟的水跃尺寸有极限的。浅流的平均过程涉及没有显著垂直加速度,这对于强烈水跃是不准确的。

对于浅水建模,有 3 个必要的约定:

第一,浅的方向始终是 Z 方向。

第二,等深线(底板)及所有液体必须在一个水平网格层。

因此,在模拟过程中 Z 方向网格尺寸必须大于所有液体高度。

然而,过度的高度可能导致液体以及底部高度分辨率的流失。

第三,含有液体的网格层必须与空气想通以便可确认一个自由表面。在 Z 方向定义两个网格可满足这个标准。

初始液体结构,科里奥利力以及底部粗糙度(亦即组件粗糙度)将以与三维模拟中相同的方式定义。自由面的风切变可通过施加一个顶部壁面切向速度分量(X 和 Y 方向)来模拟。需要一个非零的风切变系数以激活此模型并设置施加剪应力的强度。

启动 FLOW-3D 并打开位于 Class/Hydraulics/HandsOn5 的工程文件 prepin.dam。此文件中具有一系列选项,其对其他课程中涉及的材料已设定的。

阅读关于浅水模型。点击帮助并选择目录;点击搜索,然后键入"浅的",点击浅水模型。

选择全局栏标并注意背景。正确解决一个一种液体,自由表面的问题。检查已激活的物理模型。选择物理栏标。

注意重力已经被激活(在靠近重力按钮的框中有一个核对)。

点击浅水按钮。检查激活浅水模型检查框。

由于不考虑风切变,保持风切变系数框为 0.0,点击 OK。

8.12.11 定义网格

选择网格 & 几何体栏标。对此问题的 X 区域是 0<X<100,Y 区域是 −120<Y<10,大坝最大高度 Z=10,大坝后面液体高度为 Z=6,注意使用的是 SI 单位。

展开网格−笛卡儿/块 1 树并展开 X、Y 和 Z 方向分支。

通过设定固定点(1)至"0",固定点(2)至"100"来设置 X 方向区域范围。设置总网格数为"50",通过在 X 方向宽度 2 创建均一网格。

通过设定固定点(1)至"−120",固定点(2)至"10"来设置 Y 方向区域范围。设置总网格数为"65",通过在 Y 方向宽度 2 创建均一网格。

通过设定固定点(1)至"0",固定点(2)至"20"来设置 Z 方向区域范围。设置总网格数为"2"。低层网格高度为 10,同时包括了大坝和液体。这是浅水模型允许的最小网格高度,由于低级必须包括所有液体和几何体。

网格树应看起来如图 8-147 所示。

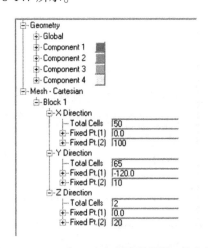

图 8-147 X、Y 和 Z 方向指定的网格−笛卡儿树

查看边界说明,选择边界栏标,展开网格边界/块 1 分支,注意 X 最小边界是一个指定压力边界,其液体高度为 6。这是坝后液体能到达的高度。X 最大和 Y 最小边界均是连续外流边界。因为 Y 最大和 Z 最大边界不影响水流,所以是默认类型(对称平面)。Z 最小边界是壁。

通过选择初始栏标设置初始条件。首先你将在坝后添加水。点击添加液体来添加一个液体区域。

设置 X 高值为"4.0",同时 Z 高值为"6.0",然后点击 OK。

在初始压力场下,选择 Z-方向静水压力。这将导致网格中所有液体在时间为零时假定为静水压力分布,但其也导致垂直压力边界保持静水压力(在本问题中,X 低值边界)。从顶部菜单选择工程/保存。

运行求解器。当你对设置满意时,选择完成栏标并点击模拟以运行问题。本问题应运行少于 1 min。

当模拟完成时,通过点击分析栏标并选择典型单选按钮查看结果,然后选择文件 flsgrf.dam,点击 OK。

选择 3D 视图,在 Iso 表面选项下选择固体体积,并设置等高值为"2.0×10^{-6}"。如果体积部分(为绘制组件)的等高线数值为默认值 0.5,组件(底板)将隐藏液体。点击渲染。如图 8-148 所示。

图 8-148　流过大坝水流的 2D 视图

9 水力学操作实例

9.1 概 述

在设计中,首先需要完全了解要分析的问题。应用流体力学知识,分析工程中哪些参数重要,怎样简化问题,可能出现什么问题以及希望得到什么样的结果。

确定液体流动特性,如黏性、表面张力及能量作用大小的常用方法,是计算无量纲参数,如雷诺数、邦德数、韦伯数见表 9-1。

表 9-1   雷诺数、德邦数、韦伯数的公式

Re (Reynold's Number) 雷诺数	=Inertial Force/Viscous Force (贯性力/黏性)	$=UL/\nu$
Bo (Bond Number) 邦德数	=Gravitational Force/Surface Tension Force (重力/表面张力)	$=g\Delta\rho L^2/\sigma$
We (Weber Number) 韦伯数	=Inertial Force/Surface Tension Force (惯性力/表面张力)	$=LU^2\rho/\sigma$

注:U 是特征速度;L 是特征长度,g 是重力加速度,ρ 是密度,σ 是表面张力系数。

例如,水从 18 cm 高堰流过,水流在堰底的速度可近似按自由落体运动分析得出:

$$\text{Velocity} = \text{sqrt}(2\times980\times18) = 187.8(\text{cm/s})$$

流体的雷诺数为:

$$Re = 30\text{ cm}\times187.8\text{ cm/s}\div10^{-2}\text{cm}^2/\text{s}=5.6\times10^5$$

雷诺数大,意味着与惯性力相比,黏性力不可忽略,不需要精细的网格求解壁黏性剪切层。当然,由于流态的紊乱,液体内部有很多黏性剪切力,因此,需要在模型中指定黏性参数。

邦德数按下式求得:

$$Bo=980\text{ cm/s}^2\times1\text{ gm/cc}\times(30\text{ cm})^2\div(73\text{ gm/s}^2) = 1.2\times10^4$$

韦伯数按下式求得:

$$We=30\text{ cm}\times(187.8\text{ cm/s})^2\times1\text{ gm/cc}\div(73\text{ gm/s}^2)=1.45\times10^4$$

再者,大的邦德数和大的韦伯数表明,与重力和惯性力相比,表面张力可忽略。这种情况时,不考虑表面张力。

问题的大小(模型运行的时间)可以利用堰中心顺水流平面的对称特性进行简化。因此,仅仅需要模拟整个范围的一部分(即堰的后半部分),就可得到堰的全部信息。已经对问题进行了简化,下面是如何建立这些条件,如何确定几何条件,利用 FLOW-3D 求解问题。

9.2 分析流程图

标准分析流程图如图 9-1 所示。

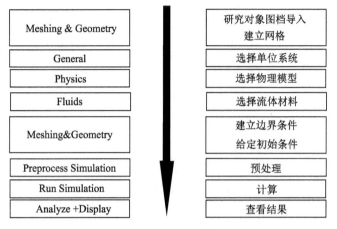

图 9-1 标准的分析流程

9.3 操作算例

下面通过几个答案的计算实例,来简要说明 FLOW-3D 的基本分析步骤。

9.3.1 渠道水流动简单模拟

问题实例简图如图 9-2 所示。

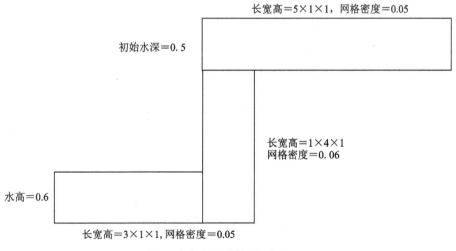

图 9-2 问题实例简图(单位:m)

（1）设置工作目录及工作路径如图 9-3 所示。

图 9-3　设置工作目录及工作路径简图

（2）新建工作文件夹——Workspace，如图 9-4 所示。

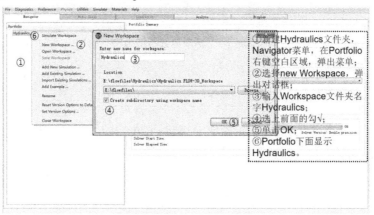

图 9-4　新建工作文件夹简图

（3）新建模拟文档——Simulation，如图 9-5 所示。

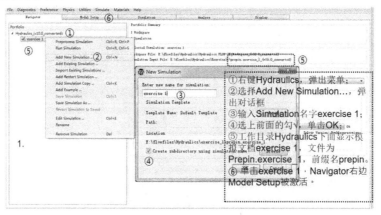

图 9-5　新建模拟文档简图

(4)网格划分,如图9-6~图9-8所示。

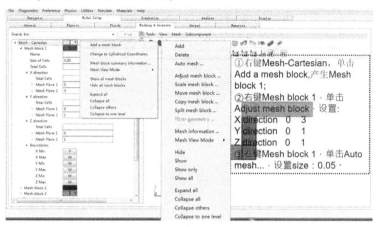

图 9-6　网格划分简图 1

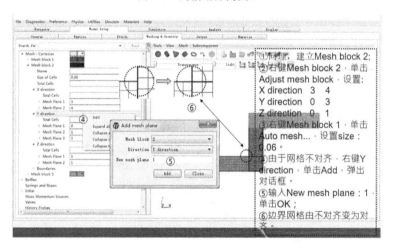

图 9-7　网格划分简图 2

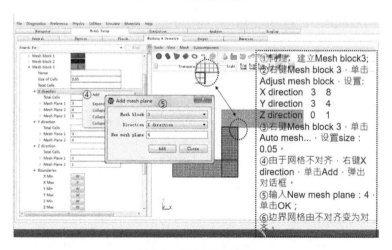

图 9-8　网格划分简图 3

（5）单位系统与时间控制——General，如图 9-9 所示。

图 9-9　单位系统与时间控制简图

（6）物理模型设置——Physics，如图 9-10 所示。

图 9-10　物理模型设置简图

（7）流体材料设置——Fluids，如图 9-11 所示。

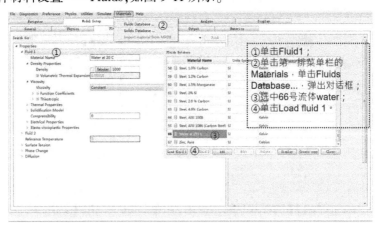

图 9-11　流体材料设置简图

（8）边界条件设置——Boundary，如图 9-12~9-14 所示。

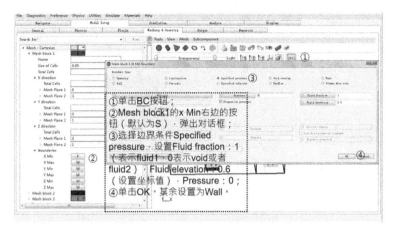

图 9-12　边界条件设置简图 1

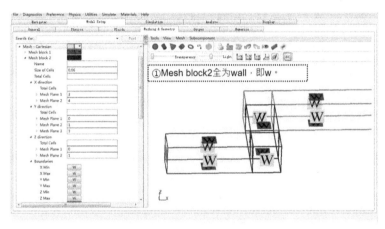

图 9-13　边界条件设置简图 2

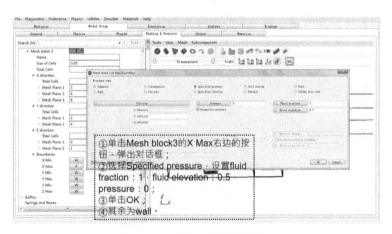

图 9-14　边界条件设置简图 3

（9）初始条件设置——Initial，如图 9-15 所示。

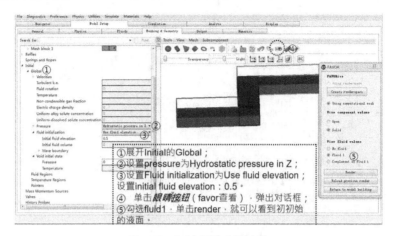

图 9-15　初始条件设置简图

（10）输出结果设置——Output，如图 9-16 所示。

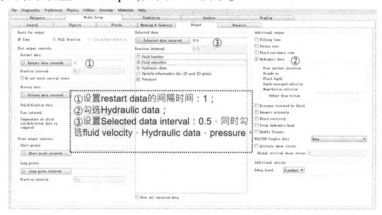

图 9-16　输出结果设置简图

（11）计算数值选项设置——Numerics，如图 9-17 所示。

图 9-17　计算数值选项设置简图

（12）计算开始——Simulate，如图 9-18、图 9-19 所示。

图 9-18　计算设置简图

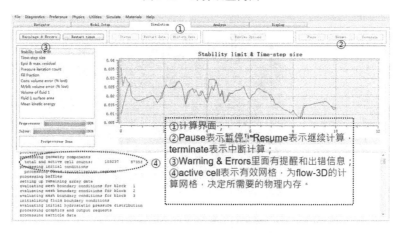

图 9-19　计算运行过程简图

（13）查看结果——Analyze，如图 9-20、图 9-21 所示。

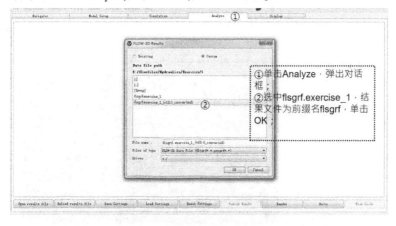

图 9-20　查看结果选项设置简图 1

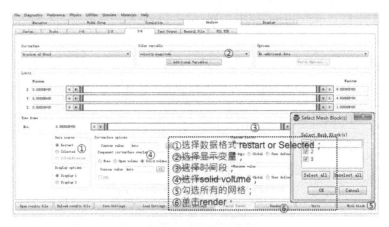

图 9-21　查看结果选项设置简图 2

（14）显示结果设置——Display，如图 9-22 所示。

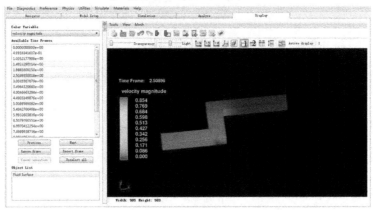

图 9-22　显示结果设置图

9.3.2　波浪运动简单模拟

（1）波浪运动的简单模拟问题描述，如图 9-23 所示。

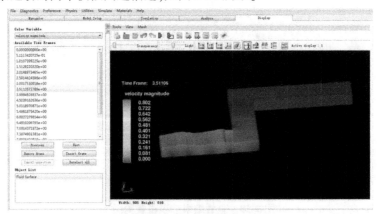

图 9-23　波浪运动简图

（2）新建 Simulation，如图 9-24 所示。

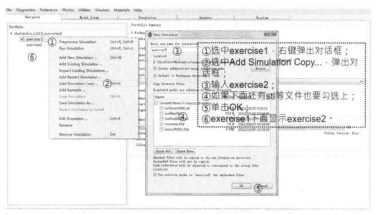

图 9-24　新建 Simulation 图

（3）修改边界条件——Boundary，如图 9-25 所示。

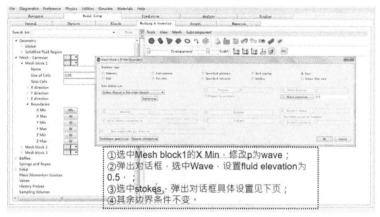

图 9-25　修改边界条件设置图

（4）Stokes wave，如图 9-26 所示。

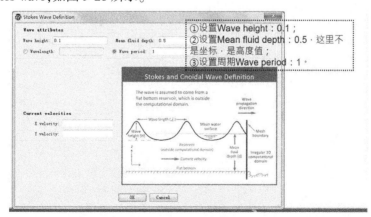

图 9-26　Stokes wave 图

9.3.3 溢流堰泄流简单模拟

溢流堰泄流问题实例简图,如图 9-27 所示。

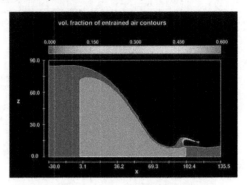

上游水深=85 m;下游水深=10 m

图 9-27 溢流堰泄流简图

(1)建模——Geometry,如图 9-28 所示。

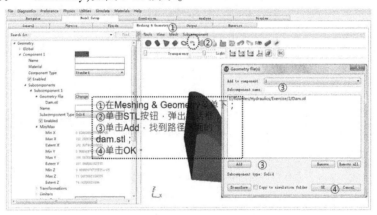

①在Meshing & Geometry菜单下;
②单击STL按钮,弹出对话框;
③单击Add,找到路径下的
dam.stl;
④单击OK

图 9-28 几何模型简图

(2)网格划分——Mesh,如图 9-29 所示。

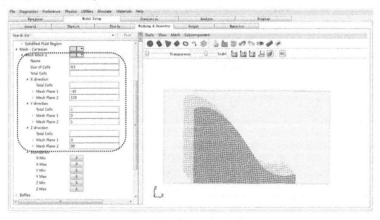

图 9-29 网格划分示意图

（3）单位系统与时间控制——Geometry，如图 9-30 所示。

图 9-30　单位系统与时间控制图

（4）物理模型——Physics，如图 9-31 所示。

图 9-31　物理模型设置图

（4）流体材料——Fluids，如图 9-32 所示。

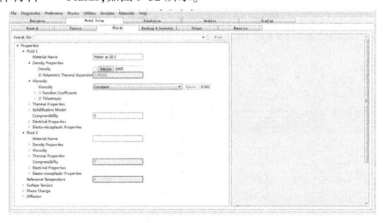

图 9-32　流体材料设置图

（5）边界条件——Boundary，如图 9-33、图 3-34 所示。

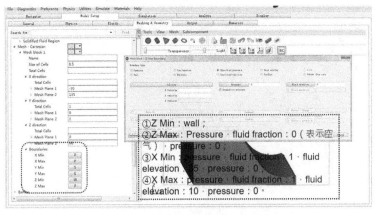

图 9-33　边界条件设置图 1

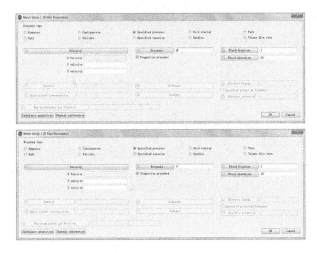

图 9-34　边界条件设置图 2

（6）初始条件——Initial，如图 9-35 所示。

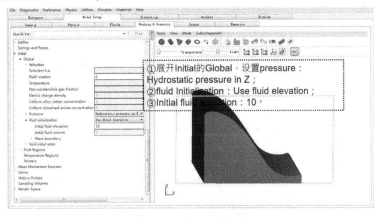

图 9-35　初始条件设置图

（7）添加初始水位，如图 9-36 所示。

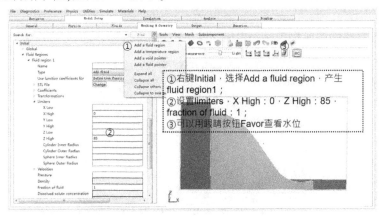

图 9-36　初始水位设置图

（8）输出设置——Output，如图 9-37 所示。

图 9-37　输出设置图

（9）数值选型——Numerics，如图 9-38 所示。

图 9-38　数值选型设置图

9.3.4　闸门提闸放水模拟

闸门提闸放水问题实例简图，如图 9-39 所示。

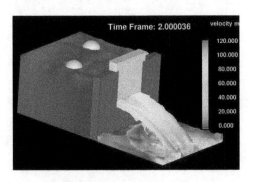

图 9-39　闸门提闸简图

（1）建模——Geometry，如图 9-40、图 9-41 所示。

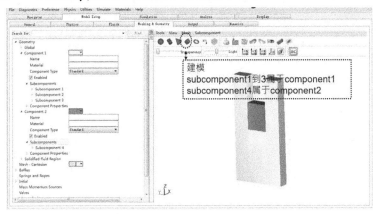

图 9-40　模型建立图 1

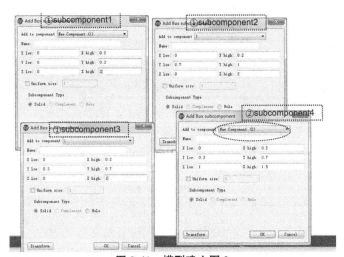

图 9-41　模型建立图 2

（2）网格划分——Mesh，如图 9-42 所示。

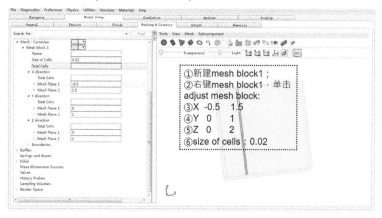

图 9-42　网格划分图

（3）单位系统和时间控制——General，如图 9-43 所示。

图 9-43　单位系统和时间控制图

（4）物理模型——Physics，如图 9-44 所示。

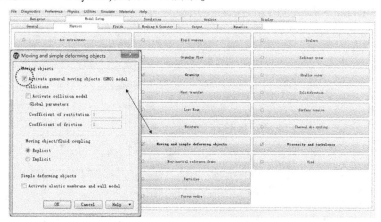

图 9-44　物理模型设置图

（5）流体材料——Fluids，如图 9-45 所示。

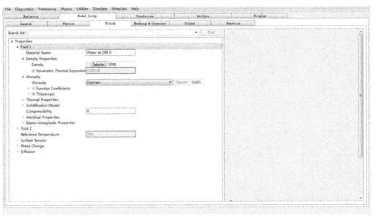

图 9-45　流体材料设置图

（6）运动属性——Moving object，如图 9-46 所示。

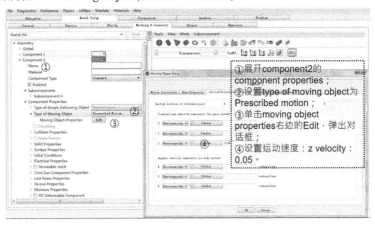

图 9-46　运动属性设置图

（7）边界条件——Boundary，如图 9-47 所示。

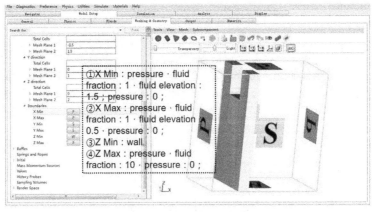

图 9-47　边界条件设置图

（8）初始条件——Initial，如图 9-48 所示。

图 9-48　初始条件设置图

（9）输出设置——Output，如图 9-49 所示。

图 9-49　输出设置图

（10）数值选项——Numerics，如图 9-50 所示。

图 9-50　数值选项设置图

9.3.5 河道泥沙冲刷模拟

河道泥沙冲刷问题实例简图,如图 9-51 所示。

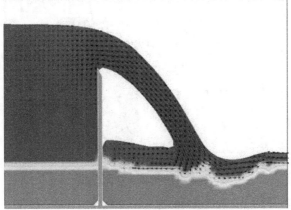

图 9-51 泥沙冲刷简图

(1)建模——Geometry,如图 9-52~图 9-54 所示。

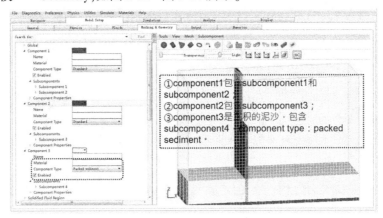

图 9-52 模型建立图 1

Subcomponent1 Subcomponent2

图 9-53 模型建立图 2

Subcomponent3   Subcomponent4

图 9-54　模型建立图 3

（2）Component3 泥沙属性设置，如图 9-55 所示。

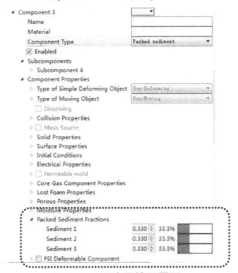

图 9-55　泥沙属性设置图

（3）网格划分——Mesh，如图 9-56 所示。

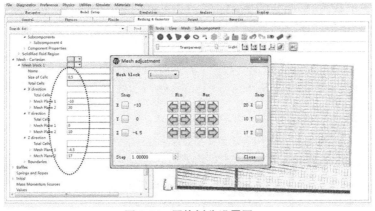

图 9-56　网格划分设置图

（4）单位系统和时间控制——General，如图 9-57 所示。

图 9-57　单位系统和时间控制图

（5）物理模型——Physics，如图 9-58 所示。

图 9-58　物理模型选项设置图

（6）Sediment 设置，如图 9-59 所示。

图 9-59　Sediment 设置图

(7)流体材料——Fluids,如图9-60所示。

图9-60 流体材料设置图

(8)边界条件——Boundary,如图9-61所示。

图9-61 边界条件设置图

(9)初始条件——Initial,如图9-62所示。

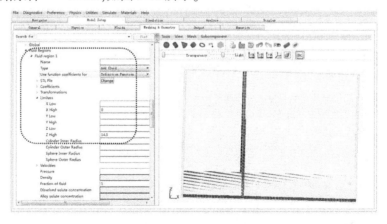

图9-62 初始条件设置图

(10)流体区域,如图 9-63 所示。

流体区域 2　　　　流体区域 3

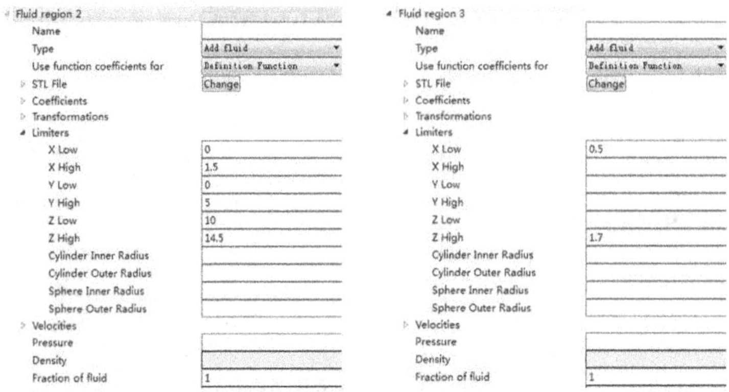

图 9-63　流体区域设置图

(11)输出设置——Output,如图 9-64 所示。

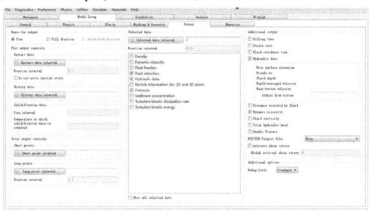

图 9-64　输出设置图

(12)数值选项——Numerics,如图 9-65 所示。

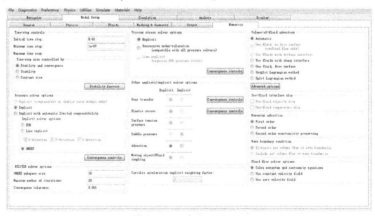

图 9-65　数值选项图

9.3.6　物体落水模拟

物体落水问题实例简图,如图 9-66 所示。

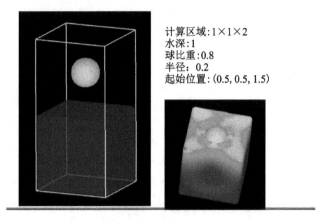

计算区域:1×1×2
水深:1
球比重:0.8
半径: 0.2
起始位置:(0.5, 0.5, 1.5)

图 9-66 物体落水简图

(1)建模——Geometry,如图 9-67 所示。

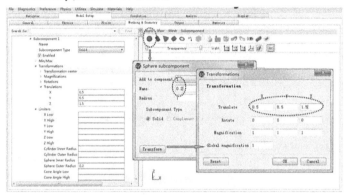

图 9-67　模型建立设置图

(2)网格划分——Mesh,如图 9-68 所示。

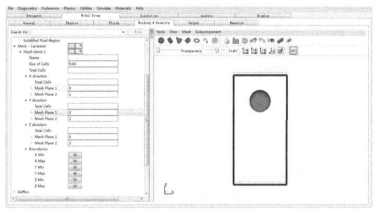

图 9-68　网格划分设置图

（3）单位系统和时间控制——Geometry，如图 9-69 所示。

图 9-69　单位系统和时间控制图

（4）物理模型——Physics，如图 9-70 所示。

图 9-70　物理模型设置图

（4）流体材料——Fluids，如图 9-71 所示。

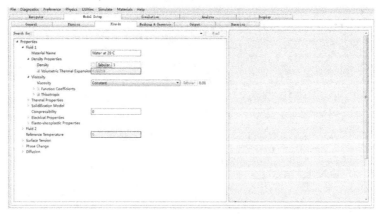

图 9-71　流体材料设置图

（5）流固耦合——moving object，如图9-72所示。

图9-72　流固耦合设置图

（6）边界条件——Boundary，如图9-73所示。

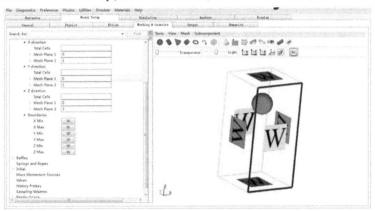

图9-73　边界条件设置图

（7）初始条件——Initial，如图9-74所示。

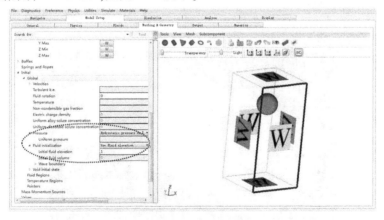

图9-74　初始条件设置图

（8）结果输出——Output，如图 9-75 所示。

图 9-75　结果输出设置图

（9）数值选型——Numerics，如图 9-76 所示。

图 9-76 数值选型设置图

9.3.7　浅水波浪运动模拟

浅水波浪运动问题实例简图，如图 9-77 所示。

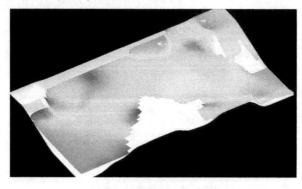

图 9-77　浅水波浪运动简图

（1）建模——Geometry，如图9-78所示。

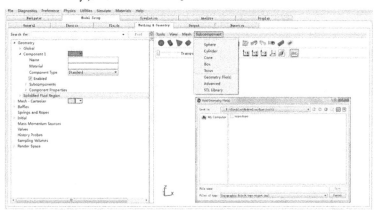

图9-78　模型设置图

（2）网格划分——Mesh，如图9-79所示。

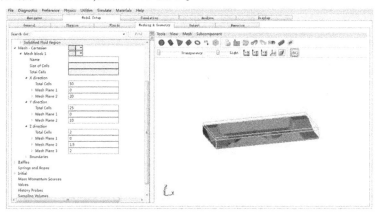

图9-79　网格划分设置图

（3）单位系统和时间控制——Geometry，如图9-80所示。

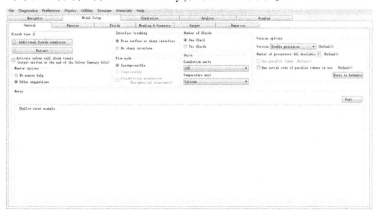

图9-80　单位系统和时间控制图

（4）物理模型——Physics，如图 9-81 所示。

图 9-81　物理模型设置图

（5）流体材料——Fluids，如图 9-82 所示。

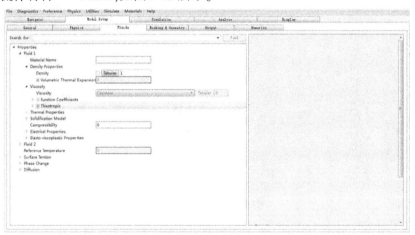

图 9-82 流体材料设置图

（6）边界条件–Boundary，如图 9-83 所示。

图 9-83　边界条件设置图

（7）初始条件——Initial，如图9-84所示。

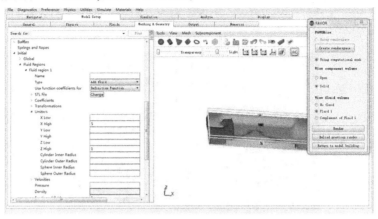

图 9-84 初始条件设置图

（8）输出设置——Output，如图9-85所示。

图 9-85 输出设置图

（9）数值选型——Numerics，如图9-86所示。

图 9-86 数值选型设置图

9.3.8 侧面入流分析模拟

侧面入流问题实例简图,如图 9-87 所示。

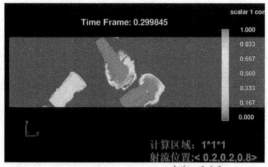

图 9-87 侧面入流简图

(1)网格划分——Mesh,如图 9-88 所示。

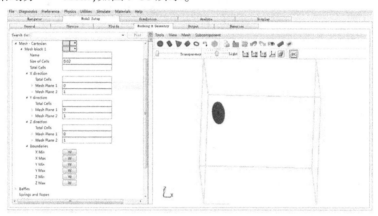

图 9-88 网格划分图

(2)单位系统和时间控制——Geometry,如图 9-89 所示。

图 9-89 单位系统和时间控制图

（3）物理模型——Physics，如图 9-90 所示。

图 9-90　物理模型设置图

（4）流体材料——Fluids，如图 9-91 所示。

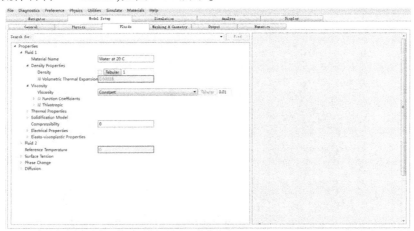

图 9-91　流体材料设置图

（5）输出设置——Output，如图 9-92 所示。

图 9-92　结果输出设置图

(6)数值选型——Numerics,如图 9-93,图 9-94 所示。

图 9-93　数值选型设置图

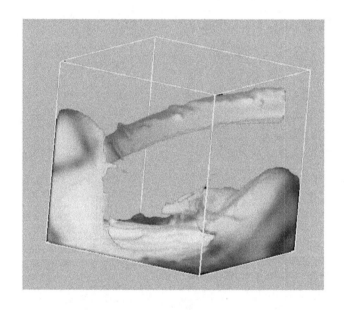

图 9-94　结果示意图